软件实训系统设计原理及实现技术研究

杨树林　著

電子工業出版社
Publishing House of Electronics Industry
北京 • BEIJING

内 容 简 介

新一轮应用型本科院校计算机教学的改革，主要以企业需求为导向，注意教学内容与当前主流技术的接轨，强化动手能力、工程实践能力培养，突出创新意识和创新能力培养。建设软件实训系统的目的是强化实践教学环节，提高实践教学质量。该系统在设计中使用了许多新的技术和方法。本书是对该系统设计研发成果的总结，内容包括：软件行业发展及人才培养模式改革，软件实训系统的相关技术，软件实训系统总体设计（包括系统设计目标和原则，功能结构与数据结构，系统技术路线与架构设计，领域模型），实践任务建模及模型管理，流程管理与任务驱动，以及其他主要模块的设计。

本书内容丰富，讲解系统，适合相关研究人员作为参考书，也适合软件开发人员及其他有关人员作为技术参考书。

图书在版编目（CIP）数据

软件实训系统设计原理及实现技术研究 / 杨树林著. —北京：电子工业出版社，2017.1
ISBN 978-7-121-30369-2

Ⅰ. ①软… Ⅱ. ①杨… Ⅲ. ①软件设计 Ⅳ. ①TP311.1

中国版本图书馆 CIP 数据核字（2016）第 276335 号

责任编辑：徐蔷薇　　特约编辑：马晓云
印　　刷：北京季蜂印刷有限公司
装　　订：北京季蜂印刷有限公司
出版发行：电子工业出版社
　　　　　北京市海淀区万寿路 173 信箱　邮编　100036
开　　本：720×1 000　1/16　印张：13.5　字数：265 千字
版　　次：2017 年 1 月第 1 版
印　　次：2017 年 1 月第 1 次印刷
定　　价：49.00 元

凡所购买电子工业出版社图书有缺损问题，请向购买书店调换。若书店售缺，请与本社发行部联系，联系及邮购电话：（010）88254888，88258888。

质量投诉请发邮件至 zlts@phei.com.cn，盗版侵权举报请发邮件至 dbqq@phei.com.cn。

本书咨询联系方式：xuye@phei.com.cn。

随着IT技术的高速发展，IT人才的专业技术和综合素质的竞争更为激烈。IT企业对人才有更多的选择余地，对人才的素质要求越来越高。企业更加重视实用型人才，特别是毕业后就能用的人才。然而，高校培养的人才，却表现出如下不足：所学知识与实践有较大脱节，运用不够熟练，特别是专业素质和工程实践能力较弱，学生的动手能力与应聘单位实际要求差距较大，参加工作后进入状态周期长，工作缺乏主动性。造成这种状况的原因很多，但关键是没有根据社会发展的需要和大众化教育的要求及时调整教学内容和培养模式。新一轮应用型本科院校计算机教学的改革，主要以企业需求为导向，注意教学内容与当前主流技术的接轨，强化动手能力、工程实践能力培养，突出创新意识和创新能力培养。适应这种人才培养的需要，关键是要处理好知识与能力之间的关系，理论教学与学生工程实践能力培养的关系。为此，以能力为核心，“基于项目驱动为主导的案例教学”是软件应用技术类课程主要的教学模式。适应这种教学模式的需要，要对教学内容、教学模式、教学辅助手段、考试方式、实践环节等进行全方位的改革。其中实践环节的加强尤为重要。

软件实训系统主要用于对课程实验、大作业、课程设计、综合实训等实践环节等教学活动及学生的自主实践进行辅助、支持和管理，目的在于借助计算机及网络的优势，实现信息的快速传递，实践教学的教学设计，实践任务的驱动管理，实践过程的有效引导，实践作品的全面展示，实践活动的辅助和支持，实践过程的互动交流，实践教学的统一管理，从而提高实践的教学质量及效率。该系统突出了对任务驱动的设计、建模和管理。在具体实现上，按分层结构组织程序，使用XML文件描述功能元数据，使用MySQL作为后台数据库，并采用了最新的 Java EE 技术架构——SSHJ（Struts+ Spring+JPA+Hibernate），同时，通过采用 Activit5 工作流技术实现任务建模与管理，并利用 DWR 技术改进交互体验。实践表明，使用上述方案和技术实现的支持系统，具有功能实用，容易实现，便于维护和扩展，使用方便等特点。

本书是对该系统设计研发成果的总结，内容包括：软件行业发展及人才培养模式改革，软件实训系统的相关技术，软件实训系统总体设计（包括系统设计目标和原则，功能结构与数据结构，系统技术路线与架构设计，领域模型），实践任务建模及模型管理，流程管理与任务驱动，以及其他主要模块的设计。

本书得到了北京印刷学院重点教学改革项目支持，在此表示感谢。

由于时间仓促，作者水平有限，书中难免存在疏漏和不足，恳请读者批评指正，使本书得以改进和完善。

作　者

2016 年 10 月于北京

Contents

目录

第 1 章

软件行业发展及人才培养模式改革

本章主要介绍软件行业发展现状及对人才的需求，软件人才培养模式改革，综合实训的目的、要求及实施过程。

1.1 软件行业发展现状及对人才的需求

1.1.1 软件行业发展现状[1]

近年来，软件行业的发展正呈现良好态势。中国软件市场的逐步成熟和持续扩大、政府保护知识产权工作的大力推进以及跨国软件企业对中国市场的了解程度越来越深，外资软件企业对中国软件市场的投资继续呈现快速增长态势，都为中国软件市场的发展提供了有力的支持。

1. 软件行业的发展正呈现良好态势

随着全球 IT 行业的全面调整，“软件即服务”将成为近年 IT 行业转型的重要趋势之一，软件即服务、信息安全、大数据和云服务等将成为行业的发展热点。宏观经济的企稳回暖将带动各个行业的投资和消费需求，为软件产业的平稳较快发展营造良好环境。同时，包括居民信息消费扩大、企业装备投资消费升级、政府公共服务消费转型等在内的经济社会转型给云计算、大数据等新技术的应用提供了广阔的空间。加上《中国制造 2025》、《关于积极推进“互联网+”行动的指导意见》、《促进大数据发展行动纲要》、《关于促进智慧城市健康发展的指导意见》等利好政策的推动，软件产业将延续平稳较快发展的良好势头。同时，软件行业的发展也凸显出平台化、服务化和融合化这样的趋势。更多的企业希望可以借助软件平台快速开发建设相关业务系统。未来领先的软件企业需要依托平台，发挥自身行业服务优势，并整合多方服务，形成可持续运营服务能力。融合化趋势催生 了大量新技术、新模式、新业态，创造了巨大的市场需求。尤其是在产业融合与"工业 4.0"时代，智能化的生产制造中需要软件系统实时感知、采集、监控生产过程中产生的大量数据，促进生产过程的无缝衔接和企业间的协同制造，实现生产系统的智能分析和决策优化。

2. 云计算、物联网等新兴领域迈入高速发展期

2016 年，新模式、新业态快速发展，将继续成为软件产业新的增长点。在云计算方面，随着云计算应用不断深化，发展潜力空间逐步释放，云计算产业也得到投资机构的青睐，成为投资的热点。据相关机构预测，2017 年，全球云计算行业的规模将从 2013 年的 474 亿美元增长到 1070 亿美元，年均增速在 20%以上。在物联网方面，产业有望成为下一个万亿美元级的信息技术产业，据 Gartner 预测，2020 年全球物联网市场规模将突破 2630 亿美元。在移动互联网方面，移动商务、移动广告、应用内购物、应用即服务模式等因素将成为移动互联网发展的重要驱动力，预计 2016 年，全球移动互联网规模将达到 7000 亿美元。

3. "互联网+"对软件提出新的发展要求

随着互联网加速从生活工具向生产要素转变，"互联网+"从第三产业逐步向第一和第二产业扩散和渗透，成为重塑经济形态、重构创新体系、推动经济转型的新动力。软件是"互联网+"的重要支撑和核心，2016 年，"互联网+"的演进和发展对软件技术提出了新的挑战和要求。一是软件要超出信息技术产业范畴，与各重点行业领域深度融合。"互联网+"要求软件不仅仅是与硬件配合使用的不面向任何行业需求的信息技术产品，而是要进一步与金融、制造、交通、物流等领域的专业技术深入融合，协力推进其他领域业务流程、业务系统的重塑和生产模式、组织形式的变革，驱动其他行业领域向数字化、网络化、

智能化转型升级。二是软件要加快网络化转型，提升对“互联网+”发展的服务支撑能力。软件技术在促进互联网与传统产业融合、帮助传统企业互联网化等方面发挥着重要驱动作用，作为创新主体的软件企业必须加快网络化转型，更好地面向服务、面向应用实现软件架构的创新和变革。三是软件要加快自身创新发展，适应“互联网+”时代的新特征。“互联网+”在与传统产业融合过程中，不断拓宽软件技术的应用范围和应用领域，对软件技术的功能和性能提出了新的要求，迫使其加快自身创新发展。

4．智能制造将推动软件市场快速发展

由于国内先进轨道交通、航空航天、能源电力、装备制造等重点行业转型升级步伐加快，制造业智能化、服务化趋势凸显，对国内工业软件发展带动效应十分明显。同时，生产调度和过程控制类工业软件市场受益于多地开展自动化生产技术改造、机器换人等措施影响，市场规模和行业关注度将快速提升。随着《中国制造 2025》及重点领域技术路线图的发布和实施，2016 年，围绕智能制造的软件产品和服务市场将呈现爆发式增长，地方将密集出台相关配套方案，全国范围智能制造推广应用将带动相关软件服务和工控系统市场的快速增长。同时，作为实现智能制造的必要基础，工业互联网发展将提速，工业软件加快向云服务模式转变，相关工业软件和系统解决方案市场将进一步扩大。工业大数据将逐渐向制造业拓展和渗透，相关产品和服务的应用推广有望进一步扩大，带动相关软件和服务市场快速增长。

5．开源成为信息技术创新的主流模式

随着移动互联网、云计算、大数据、物联网等领域新技术不断获得突破，源于单一或少部分企业的力量已难以实现主导，依靠多元力量、汇集全球智慧的开源模式快速发展。2015 年，开源世界涌现出许多新的势力，对现有市场格局带来巨大的变革力量。传统软件巨头微软加大了在开源世界的贡献度，其开源影响力逐步提升。开源项目的竞争日益激烈，Docker 在持续爆发的同时，其直接竞争对手 Rocket 也实现了快速成长，并吸引了大批企业的参与。尽管 OpenStack 已逐渐成为业界的主流平台，但还有大量企业在关注其他开源云平

台。我国企业参与开源项目的积极性不断提升，影响力逐步扩大。2015 年，华为正式加入 Cloud Foundry 基金会，其在加大对 OpenStack 的影响力的同时，也加快了对其他云平台的布局，同时凭借对 Linux 项目的贡献，升级成为 Linux 基金会的白金会员。阿里巴巴集团也正式加入 Linux 基金会，成了 Linux 基金会中首个来自中国的互联网公司。2016 年，开源软件将加快发展，引领全球新兴信息技术的创新。全球各大巨头将通过参与国际开源项目并投入大量人力、物力，加快争夺开源资源。从浅层战略来看，企业希望能够通过参与开源软件发展来获取开源技术，推动其自身产品和服务的发展，提升其竞争力。从深层战略来看，开源已经成为全球技术、资金、人才、影响力等多元资源的汇集地，企业参与开源的目的也是对这些资源的争夺。

1.1.2 软件行业发展对人才的需求

软件行业的发展在越来越受到国家重视的同时，也产生了巨大的人才需求，为行业的发展提供了更广阔的空间。据国内权威机构的数据统计，未来五年，我国信息化人才总需求量高达 1500 万～2000 万人[2]。其中“软件开发”、“网络工程”、“网络营销”等人才的缺口最为突出。我国软件人才需求以每年递增 20%的速度增长，每年新增需求近百万人。从架构、编程到测试对人才的需求旺盛。国内市场每年对软件人才的需求高达 80 万人，而且这个数据随着中国软件的普及而快速递增。

软件产业健康、快速发展需要三类人才：既懂技术又懂管理的软件高级人才、系统分析及设计人员（软件工程师）、熟练的程序员这三类由高到低的人才结构并未呈金字塔形。现如今在软件行业内部，能够进行软件整体开发设计的软件设计人员需求比较大。同时，随着软件行业的发展，软件行业对人才的需求也日趋细化，软件人才的从业范围越来越宽泛，既有开发的、应用的、维护的，也有服务的、咨询的，等等，所从事的工作已不完全是纯技术的，而涉及技术、管理、服务等诸多方面。但无论如何，企业对人才会有更多的选择余地，对人才的素质要求将越来越高。软件人才需求已从原先的技术型转向复合型，对综合素质的要求越来越高。以前是技术好就行，现在不仅要技术好，还要具备良好的职业素养和心理素质，如外语交流能力、团队合作能力等；不仅要掌握先进的技术，还要懂管理、善沟通。而且，企业更加重视实用型人才，特别是毕业后就能用的人才。

软件开发是一项工程性很强的活动，它必须遵循软件工程的基本原理，按照工程的客观规律来实施。这就要求每一个从业人员有很强的职业精神，以做好自己的本职工作为己任。如果没有职业精神，就不可能有效开展多人合作的大型软件工程项目。

软件开发人员作为一名职业人，要有守时、踏实、耐心的习惯。

软件人才要有自觉的规范意识和团队精神。企业希望招聘到的程序员编程不一定很快，但是需要非常规范，个人能力不一定很强，但需要团队合作意识很好。

软件人才要具有软件工程的概念。从项目需求分析开始到安装调试完毕，基础软件工程师都必须能清楚地理解和把握这些过程，并能胜任各种环节的具体工作。

软件人才要有很强的求知欲和进取心。软件业是一个不断变化和不断创新的行业，软件人才的求知欲和进取心就显得尤为重要，这是在这个激烈竞争的行业中立足的基本条件。

软件人才要具有很强的技术能力，熟练掌握设计和开发所用的相关技术。

1.2 软件人才培养模式及综合实训

1.2.1 软件人才培养模式改革的趋势

目前，高校普遍存在人才培养目标与社会脱节的现象。究其原因，主要是过分重视学术和理论。多数学校的培养方案都向重点大学看齐，定位不明确。学校不了解公司、企业相应岗位对计算机人才的知识结构、专业能力、专业素质的要求，对学生的培养脱离实际需要，在人才培养方案的制订和实施中重理论、轻实践，重知识、轻能力；造成学生所学知识与实践有较大脱节，运用不够熟练，学生的实践与动手能力普遍不高，特别是基本素质及应用能力与应聘单位实际要求差距较大，参加工作后进入状态周期长，工作缺乏主动性，不能适应社会需要。应用型本科专业的设置是高等教育大众化的一个必然结果，发展应用型本科教育既是社会经济、科技发展的要求，也是教育发展的要求，应用型本科在设置上应以社会需求和就业市场为导向。就计算机专业而言，应培养面向社会发展和经济建设事业第一线，具有计算机专业技能和软件工程能力或信息技术实践能力的应用型人才。为此，必须适应人才培养的需要，处理好知识与能力之间的关系，切实转变人才培养的模式[3]。

1. 构建能够支撑培养应用型人才的课程体系

1）以能力培养为主线构建课程体系[4]

应用型本科人才培养方案的设计思想应以实际应用能力为主线，对课程进行归类整合，形成能力脉络清晰的课程体系。这不同于“学科本位”按知识的系统和条理来构建的课程体系。一个专业培养方案涉及很多课程内容和教学环节，若干课程内容之间必然有其内在联系，需要以“能力本位”进行适当安排。

2）基于培养人才的需要，明确毕业要求，分解能力目标

程序设计类课程强调培养学生的个人级工程项目开发能力，提高学生在个人软件过程、编程风格、编程技巧、算法理解、基础知识掌握和应用等多方面的素质。软件工程类课程强调使学生熟悉软件开发的完整过程和规范，培养学生的团队合作级工程项目研发能力，让学生在团队环境下使用最新的软件开发工具获得较真实的软件开发经验，提高学生在项目规划、队伍组织、工作分配、成员交流等多方面的能力，培养积极向上的合作精神。新技术类课程突出对主流技术的掌握，培养学生的综合实践能力。网络应用类实践课程的设计目标是培养学生的设备应用能力，让学生在完全符合实际应用现状的设备环境中进行配置，保证学生所学的内容与当前主流技术发展相接轨。

3）将实践环节分成不同层次，逐步强化，最终实现培养适合企业需要的使用人才

基于培养人才的需要，将实践环节分成不同层次，逐步强化，最终实现培

养适合企业需要的使用人才。课程实验重点加强学生对知识内容的理解，掌握基本知识和技能，培养学生具备简单地应用知识的能力。集中课程设计重点训练学生能灵活运用所学的知识，解决较为复杂的问题，进一步培养学生应用知识的能力。大型课程设计及第二课堂重点培训学生的综合应用能力，使学生具有一定的设计能力。同时通过课外活动辅助作用，扩展学生的视野，培养学生创新实践能力。实战能力训练主要通过到企业实习，在校内或校外参与企业项目，培养学生的职业素质和实践能力。

2．重视课内外结合，培养学生团队意识、实践能力和创新能力

通过开展技能培训讲座、学生科研（兴趣）小组、计算机技能大赛等活动，并引入和辅导各类计算机专业认证，通过丰富有效的各种实践教学形式，促进和提高实践教学效果。

以激发学生的学习积极性和创造性，扩展学生视野，启发学生的创新思维，提高分析问题、解决问题的能力，提高实践教学环节的质量和效果为目标。通过实践教学，来促进学生实践能力和创新精神的培养。

3．以项目驱动的案例教学为主要教学方法，加强课堂教学与实践环境的衔接

项目驱动的案例教学模式，是案例教学模式的拓展和延伸，是将教学过程和具体的工程项目充分地融为一体，围绕具体的工程项目构建教学内容体系，组织实施教学，提高教学的针对性和实效性[5]。它能在教学过程中把理论和实践有机地结合起来，充分发掘学生的创造潜能，着重培养学生的自学能力、洞察能力、动手能力、分析和解决问题的能力、协作和互助能力、交际和交流能力等综合职业能力。课堂教学实施案例教学强化学生对知识的应用，强调要从项目出发设计教学案例，而不是围绕知识设计案例，案例之间的联系性要大，对学生能力的培养更有价值；实践环节强调以项目驱动指导实践过程；综合训练环节强化与企业联系，强调体现企业要求，培养团体意识，培养从业素质，引导创新实践。

4．利用网络、移动媒体等手段构建实践教学支持平台

一直以来实践教学辅助缺乏重视，实践教学存在信息传递慢，对学生的实践引导不足，指导性资料及参考案例缺乏，考勤及动态管理困难等诸多问题。要解决这些问题，关键是要充分发挥网络教学的优势，建设一个有效的实践支撑环境，以适应人才培养模式转变的需要，提高实践能力培养的效果。学生能力培养是一个系统工程，需要立体化的教学资源环境。按照项目驱动的思想，学生的软件实现应按工程化模式进行，这既要加指导，又要为学生实践提供支持。借助计算机及网络的优势，实现信息的快速传递、实践教学的教学设计，实践任务的驱动管理，实践过程的有效引导，实践作品的全面展示、实践活动的辅助和支持，实践过程的互动交流，实践教学的统一管理，从而提高实践的教学质量及效率。

1.2.2　综合实训的目的及实施过程[6]

软件综合实践环节是在学生完成主要专业课程的理论学习和各主要技能专项实训后，综合运用软件技术专业（岗位）的主要知识和技能，在校内外实训基地集中进行综合性、系统化的岗前训练；是素质训练课程，也是能力提升课程。

1．综合实训的目的

综合实训的目的是通过开发一个完整的软件项目，将软件开发各个主要阶段串联起来，让学生能实际感受企业的软件开发流程和规范，熟悉软件项目团队协作开发环境及方法，积累软件项目开发经验，养成良好的职业素质，实现软件开发基本能力的整合、迁移，使学生能够胜任软件开发岗位的各项工作。

具体的目标是：

（1）培养职业素养。在实训的过程中，培养学生严谨认真的科学态度与职业习惯；培养学生立足社会，从技术、组织、环境、安全等各方面形成完成技术工作的态度与价值观；让学生领悟并认识到敬业耐劳、恪守信用、讲究效率、尊重规则、团队协作、崇尚卓越等职业道德与素质在个人职业发展和事业成功中的重要性，使学生能树立起自我培养良好的职业道德与注重日常职业素质养成的意识。

（2）提高工程能力。培养学生完成一个软件开发方面典型工作的能力。让学生熟悉软件开发过程，熟悉软件开发规范，能完成相关软件文档的编写，能使用所学编程语言完成代码的设计，能进行代码重构提高代码质量，通过测试减少代码缺陷。

（3）提升技术水平。以 Java Web 程序员为例，要掌握开发环境的搭建，熟练使用一种开发工具，熟练掌握 HTML、JavaScript、CSS、Java、JSP、Servlet、JDBC 等基本技术；掌握 Struts、Hibernate、Spring 等常用的架构技术；会使用目前常用的数据库软件，如 Oracle、MySQL，具有运用数据库的能力；会使用常用的 Java Web 服务器；掌握软件的开发流程和建模方法。

2. 综合实践的基本要求

软件开发综合实践环节要求学生在教师的引导下，综合运用所学知识，对一个实际 Web 应用软件系统进行分析、设计与开发，按软件开发的工作流程完成选题、计划、设计、开发、测试、总结与评价等过程，提交项目计划书、系统需求规格说明书、系统概要设计说明书、系统开发规范、数据库设计及脚本、详细设计说明书、使用说明书、系统测试报告、工作日志等文档，并提交所设计系统的源代码。

1）工作要求

团队分工明确，任务具体；工作计划清晰，团队协作好；能按时出勤，工作态度积极；按阶段完成任务、质量高。

2）成果要求

选题明确、系统分析详细、合理；软件设计全面、规范、合理；文档齐全规范、程序规范；软件实现完整、技术运行得当。

3）总结要求

总结全面、客观；答辩讲解清楚、程序演示流畅。

3. 综合实训的实施方式

教师讲解软件开发综合实践的基本要求，介绍相关的软件开发技术，为学生提供一些参考性设计题目和资料。学生在教师的引导下，组成开发小组，完成软件的设计与开发。以软件设计为中心，完成从需求分析，软件设计，编码到软件测试运行的软件开发全过程。大体经历如下过程：

1）组建团队

在教师的指导下，学生根据自身的特点、毕业设计、未来就业计划及开发意愿，组成开发小组，明确项目组长。每组一般不超过5个人。

2）选题和计划

明确课程设计要求，掌握一些相关技术，在教师的引导下，以开发小组为单位选择课题，明确成员分工，制订项目开发计划。

3）需求分析

通过调研、实地考察、访谈、座谈等多种方法对用户需求进行全面、细致的分析，描述软件的功能和性能与界面，确定该软件设计的限制和定义软件的其他有效性需求，分析软件的开发技术。

4）总体设计

在对所选择课题的问题域进行深入调查研究的基础上，对系统的功能及性能需求进行分析，对软件进行概要设计，确定系统总体设计方案，重点是系统的功能、接口、数据结构及主界面的设计。

5）构建系统

配置开发环境，建立项目，规划项目结构，建立数据库，明确开发规范及命名方法。

6）公共模块设计

完成系统的公共模块或工具类的设计。

7）详细设计

由小组成员分工完成对模块内部过程及界面的设计，要求完成详细设计说明书。

8）完成各模块开发

按详细设计的要求，对系统的各模块进行开发，要求按规范开发编码，注释详细。

9）完善各模块

完善各模块，对各模块进行测试。

10）组装系统

完成系统的装配，对系统进行整体调试。

11）整理文档

对系统的设计文档及测试报告进行整理。

12）答辩考核

以小组为单位，介绍项目设计、演示设计成果，进行自我评价、相互评价、教师评价。

在教学中主要贯穿如下教学理念。

（1）突出启发引导，强化能力培养：激发学生的学习兴趣，引导学生自主、全面地理解综合实训项目教学要求，开展团队合作和技术研发，诱导学生自主学习、独立思考、相互讨论。注重学生实际工作能力与技术应用能力的培养，使课程实施成为学生在教师指导下构建知识、提高技能、活跃思维、展现个性、拓宽视野和形成工作能力的过程。

（2）注重案例示范，强调项目驱动：通过案例示范，使学生尽快熟悉实际项目的开发流程、规范，在案例的引导下使学生体验和实践软件开发的全过程。案例设计要具有典型性、规范性、先进性，通过案例的引导使学生掌握重要的技术和方法。

（3）尊重个体差异，注重过程评价：启发学生对设定状况与目标进行积极思考、分析，鼓励多元思维方式并将其表达出来，尊重个体差异。建立能激励学生学习兴趣和自主学习能力发展的评价体系。该体系由过程性评价和结果性评价构成。在教学过程中以过程性评价为主，注重培养和激发学生的学习积极性和自信心。结果性评价应注重检测学生的技术应用能力。

参考文献

[1] 赛迪智库. 2016 年中国软件产业发展形势展望[EB/OL]. [2016-06-01].http://sanwen8.

cn/p/ 14fkVmn.html.

[2] 黑龙江甲骨文. 全面解析我国 2015 年 IT 行业发展与就业前景[EB/OL]. [2016-06-21]. http:// sanwen8.cn/p/127YbUG.html.

[3] 杨树林，胡洁萍. 基于应用型人才培养模式的实践教学改革[C]. 2014 年度北京印刷学院教师教学发展中心论文集，北京：北京艺术与科学电子出版社，2014.

[4] 黄双华，杜正聪. 应用型人才培养模式的构建及保障条件[J]. 攀枝花学院学报，2007 (4)：95-98.

[5] 杨树林，胡洁萍. 基于项目驱动的实践教学支撑系统的研究[J]. 北京印刷学院学报，2015，3(2)：33-35.

[6] 胡洁萍，杨树林. 软件开发综合实践指导教程——Java Web 应用[M]. 北京：人民邮电出版社，2014.

第2章

软件实训系统的相关技术

本章主要介绍软件实训系统开发环境的搭建、类库的管理方案，以及系统开发所用到的 Sturts2、Spring、Hiberante JPA、Spirng Security、Activiti、DWR 等相关技术。

2.1 开发环境及类库管理

2.1.1 系统开发环境

1. 集成开发环境 NetBeans

在安装集成开发环境时，要先安装 JDK。JDK 是 Java 语言开发工具软件包。可以到 http://www.oracle.com 网站上下载 JDK 最新版本。目前最新的版本是 Java SE Development Kit 8u101。下载后得到 jdk-8u101-windows-x64.exe 文件，直接双击运行即开始安装。

NetBeans 是 Sun 公司推出的开放源码的 Java 集成开发环境（Integrated Development Environment，IDE）。它是使用 Java 语言编写的，具有很好的可移植性，适用于各种客户机和 Web 使用，是业界第一款支持创新型 Java 开发的开放源码 IDE。使用 NetBeans 可以更快地开发 Java Web 应用程序，跟踪 Java EE 最新技术，体验快速开发的便捷。NetBeans 的下载地址是 http://netbeans.org/downloads/index.html。下载后得到的文件是 netbeans-8.1-windows.exe，运行安装即可。

2. MySQL 及其设计环境

MySQL 被广泛地应用在 Internet 上的中小型网站中。由于其体积小、速度快、总体拥有成本低，尤其是开放源码这一特点，许多中小型网站为了降低网站总体成本而选择了 MySQL 作为网站后台数据库系统。MySQL 的下载地址是 http://www.mysql.com/downloads/mysql，下载后得到的安装文件为：mysql-installer-community-5.7.14.0.exe。

Workbench 是一款优秀的 MySQL 数据库可视化设计环境，可以用于 SQL 开发，数据建模和数据库管理。如果在安装 MySQL 时，已经随 MySQL 一起安装，就不用再单独安装。否则，可单独下载安装。具体下载地址为 http://www.mysql.com/downloads/workbench。目前可下载的最新版本为 MySQL Workbench 5.7.14，下载后得到 mysql-installer-community-5.7.14.0.msi 安装文件，双击即可安装。注意：要安装 Workbench，需要.Net Framework 4.0 以上支持。

3. Tomcat 服务器

Tomcat 是 Apache-Jakarta 软件组织的一个子项目。它除了能够运行 Servlet 和 JSP，还提供了作为 Web 服务器的一些特有功能，如 Tomcat 管理和控制平台、安全域管理。Tomcat 已成为目前开发企业 Java Web 应用的最佳选择之一。Tomcat 作为默认的服务器，已被集成到 NetBeans 开发环境中，因此在安装 NetBean8.1 时可以有选择地安装 Apache Tomcat 8.0.27。当希望作为实际的服务器安装 Tomcat 时，可以下载独立的 Tomcat 进行安装，具体下载地址为：http://tomcat.apache.org，下载后得到的文件是 apache-tomcat-8.0.36.exe。

2.1.2 Maven 技术[1, 2]

软件实训系统涉及的类库较多，为方便起见使用 Apache Maven 管理 jar。

1. Apache Maven 概述

Apache Maven 是一个软件项目管理和综合工具。基于项目对象模型（POM）的概念，Maven 可以从一个中心资料片管理项目构建、报告和文件。Maven 项目的结构和内容在一个 XML 文件中声明，pom.xml 为项目对象模型（POM）文件，这是整个 Maven 系统的基本单元。

Maven 提供了三种功能：

（1）依赖的管理：仅仅通过 jar 包的几个属性，就能确定唯一的 jar 包，在指定的文件 pom.xml 中，只要写入这些依赖属性，就会自动下载并管理 jar 包。

（2）项目的构建：内置很多的插件与生命周期，支持多种任务，比如校验、编译、测试、打包、部署、发布等。

（3）项目的知识管理：管理项目相关的其他内容，如开发者信息、版本等。

2．使用 Maven 管理 jar 包

在 NetBeans 下新建 Maven 类别项目，就可以利用 Maven 来管理类库，如图 2-1 所示。

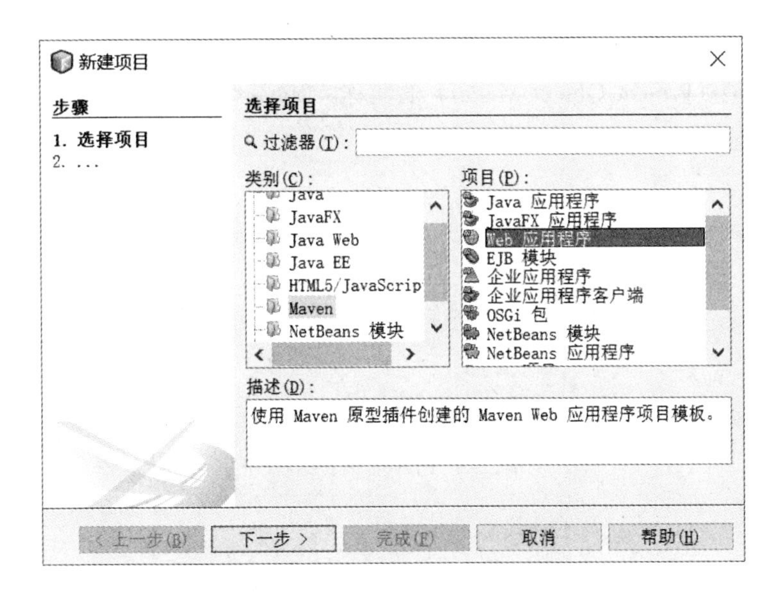

图 2-1　建立 Maven 类别项目

在新建“Web 应用程序”项目时，可以设置项目名、项目位置、组 ID、版本和包名，在如图 2-2 所示界面。

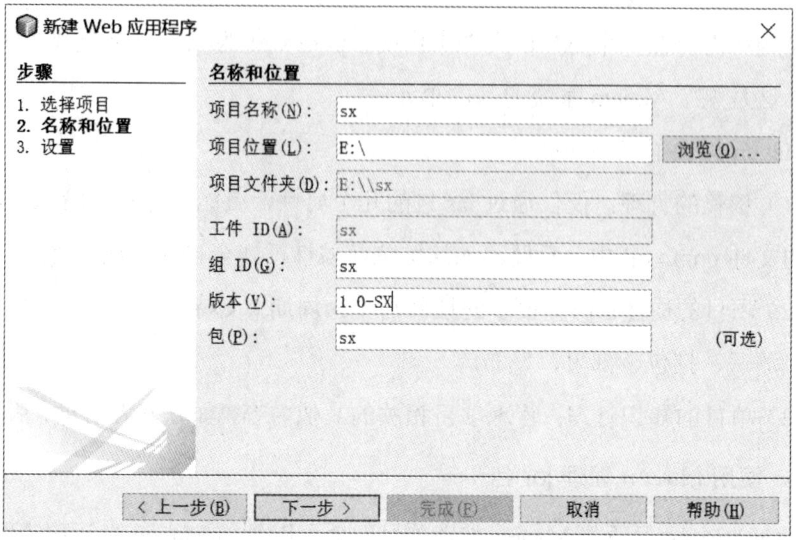

图 2-2 建立 Maven 项目

按上述方式创建的项目中包含了 pox.xml 文件，如图 2-3 所示。POM 是项目对象模型（Project Object Model）的简称。Maven 通过这个 pom.xml 文件描述一个项目的构建以及信息。

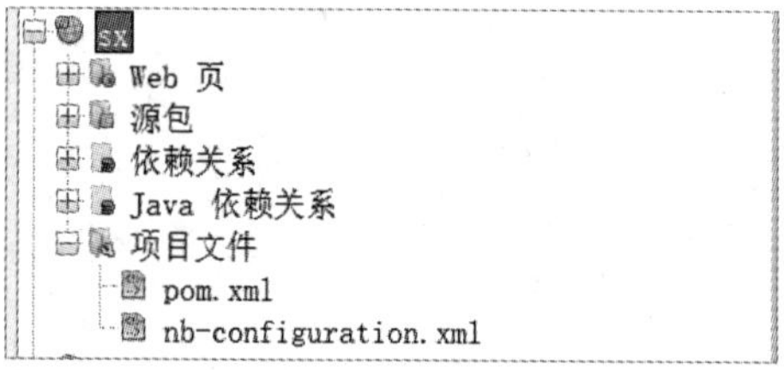

图 2-3 Maven 项目结构

初始的 pom.xml 文件格式如下所示。

```
<?xml version="1.0" encoding="UTF-8"?>
<project ......>
    <modelVersion>4.0.0</modelVersion>
    <groupId>sx</groupId>
    <artifactId>sx</artifactId>
    <version>1.0-SX</version>
```

```
    <packaging>war</packaging>
    <name>sx</name>
    <properties>
        ……
    </properties>
    <dependencies>
        ……
    </dependencies>
    ……
</project>
```

- modelVersion 属性：指定了 POM 的版本，Maven2 或者 Maven3 都只能是 4.0.0。
- groupId 属性：指定项目组的 ID，一般是 com.公司组织名.项目名或项目名。
- artifactId 属性：指定该项目在项目组中的 ID,比如当前的项目是项目组的一个代理项目，就可以叫做 myproxy。
- version 属性：指定项目的版本号，用于维护项目的升级和发布。
- packaging 属性：指定项目生产出来的包类型。
- name 属性：标识该项目。
- properties 元素：用于定义一个或多个 Maven 属性，然后在 POM 的其他地方使用${属性名}的方式引用该属性，通常用于指定依赖库的版本。
- dependencies 元素：指定依赖库，它可以包含多个 dependency 元素。dependency 元素，指定项目依赖的某个包。dependency 主要的元素有 groupId,artifactId 和 version 等属性。

例如，在软件实训系统中我们引入如下类库：

```
<properties>
    ……
    <slf4j-version>1.7.21</slf4j-version>
    <log4j-version>2.6.2</log4j-version>
    <jstl-version>1.2</jstl-version>
    <mysql-version>5.1.9</mysql-version>
```

```
        <fileupload-version>1.3.1</fileupload-version>
        <commons-io-version>2.4</commons-io-version>
        <commons-lang3-version>3.3.2</commons-lang3-version>
        <ehcache-version>2.9.0</ehcache-version>
        <junit-version>4.12</junit-version>
    </properties>
    <dependencies>
        ……
        <!-- 引入日志处理类库,Log4j 是具体的实现,而 Slf4j 提供了一系列抽象接口，开发者一般用 Slf4j 提供的 API 进行开发，而 Slf4j 则调用 Log4j 进行日志的写入 -->
    <dependency>
        <groupId>org.slf4j</groupId>
        <artifactId>slf4j-api</artifactId>
        <version>${slf4j-version}</version>
    </dependency>
    <dependency>
        <groupId>org.slf4j</groupId>
        <artifactId>slf4j-jcl</artifactId>
        <version>${slf4j-version}</version>
    </dependency>
    <dependency>
        <groupId>org.apache.logging.log4j</groupId>
        <artifactId>log4j-core</artifactId>
        <version>${log4j-version}</version>
    </dependency>
    <dependency>
        <groupId>org.apache.logging.log4j</groupId>
        <artifactId>log4j-api</artifactId>
        <version>${log4j-version}</version>
    </dependency>
    <dependency>
        <groupId>org.apache.logging.log4j</groupId>
        <artifactId>log4j-slf4j-impl</artifactId>
        <version>${log4j-version}</version>
    </dependency>
```

```
    <!-- 标准标签库 -->
    <dependency>
        <groupId>jstl</groupId>
        <artifactId>jstl</artifactId>
        <version>${jstl-version}</version>
    </dependency>
    <!-- Apache 上传文件组件 -->
    <dependency>
        <groupId>commons-fileupload</groupId>
        <artifactId>commons-fileupload</artifactId>
        <version>${fileupload-version}</version>
    </dependency>
    <!-- 处理 io 流的工具，方便处理 io 流和文件-->
    <dependency>
        <groupId>commons-io</groupId>
        <artifactId>commons-io</artifactId>
        <version>${commons-io-version}</version>
    </dependency>
    <!-- StringUtil、dateUtil、DateFormatUtils、NumberUtils 等常用工具
-->
    <dependency>
        <groupId>org.apache.commons</groupId>
        <artifactId>commons-lang3</artifactId>
        <version>${commons-lang3-version}</version>
    </dependency>
    <!-- 缓存库 -->
    <dependency>
        <groupId>net.sf.ehcache</groupId>
        <artifactId>ehcache</artifactId>
        <version>${ehcache-version}</version>
    </dependency>
    <!-- 单元测试库 -->
    <dependency>
        <groupId>junit</groupId>
        <artifactId>junit</artifactId>
        <version>${junit-version}</version>
```

```
</dependency>
</dependencies>
```

2.2 Struts2 技术[3]

2.2.1 Struts2 及其类库

1. Struts2 概述

Struts 是 Apache 软件基金支持下的开源 MVC 框架，具有组件模块化、灵活性和重用性等优点，使基于 MVC（Model-View-Contorl，模型—视图—控制）模式的程序结构更加清晰，同时也简化了 Java Web 应用程序的开发。Struts2 是 Struts1 和 WebWork 相互结合的产物，代表了 Web 框架的最新技术和规范。Struts2 的 MVC 架构是这样实现的：模型是由业务对象来实现的；控制由 Action 来实现，它是一个 POJO 对象，不依赖于任何 Web 对象（request, response 等），这样的 Action 测试方便；视图由 JSP 页面构成，可以和控制交互；核心过滤器 StrutsPrepareAndExecuteFilter 起到总控作用；在执行控制前，可以通过拦截器 interceptor 执行附加的代码（见图 2-4）。

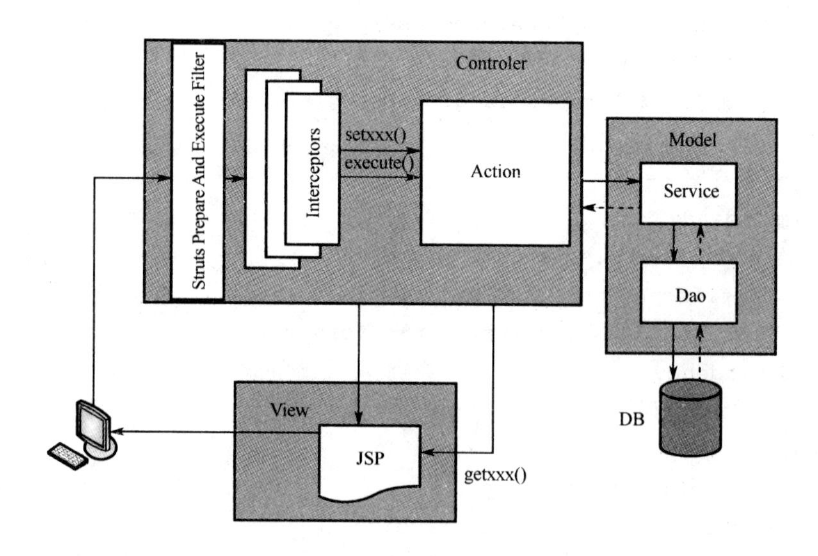

图 2-4　Struts2 的 MVC 框架

2. 在项目中添加 Struts2 库

采用 Maven 来管理类库，引入的依赖库如下：

```
<properties>
    ......
    <struts2-version>2.5.2</struts2-version>
</properties>
<dependencies>
    <!-- Struts 核心 -->
    <dependency>
        <groupId>org.apache.struts</groupId>
        <artifactId>struts2-core</artifactId>
        <version>${struts2-version}</version>
</dependency>
<!-- Struts 与 Spring 整合插件 -->
<dependency>
        <groupId>org.apache.struts</groupId>
        <artifactId>struts2-spring-plugin</artifactId>
        <version>${struts2-version}</version>
</dependency>
<!-- Struts JOSN 插件 -->
<dependency>
    <groupId>org.apache.struts</groupId>
    <artifactId>struts2-json-plugin</artifactId>
    <version>${struts2-version}</version>
  </dependency>
</dependencies>
```

2.2.2 Struts2 核心技术

1. 核心过滤器配置

核心过滤器在 Struts2 中起总控作用。Struts2 使用 StrutsPrepareFilter 做一些准备工作，包括一些清理工作；使用 StrutsExecuteFilter 调用 Action。一般使用合成的过滤器 StrutsPrepareAndExecuteFilter。核心过滤器需要在 web.xml 中配置。

```
<filter>
    <filter-name>struts2</filter-name>
    <filter-class>org.apache.struts2.dispatcher.filter.
StrutsPrepareAndExecuteFilter</filter-class>
 </filter>
<filter-mapping>
    <filter-name>struts2</filter-name>
    <url-pattern>*.Action</url-pattern>
</filter-mapping>
<filter-mapping>
    <filter-name>struts2</filter-name>
    <url-pattern>*.jsp</url-pattern>
</filter-mapping>
```

2. 全局属性配置

在源包建立 struts.properties。该文件配置了 Struts2 基本属性。主要涉及动态方法调用、对象工厂、编码方式、界面主题、开发模式、运行上传文件大小以及临时路径等配置。

```
struts.enable.DynamicMethodInvocation=true
struts.objectFactory=spring
struts.locale=zh_CN
struts.i18n.encoding =utf-8
struts.ui.theme=simple
struts.devMode=true
struts.multipart.saveDir=/Temp
struts.multipart.maxSize=3221225472
struts.Action.excludePattern=/dwr/.*
```

3. 控制器 Action 及其配置

Struts2 中 Action 属于控制层，它可以是任何的 POJO 对象，也可以继承 ActionSupport 来实现 Action。采用有一种方式，可方便实现输入验证、国际化等功能。Action 中的属性按照 JavaBean 规范来设计，这样该属性可以和 JSP 页面上同名的参数进行交互，请求该 Action 时会自动用请求中的参数来填充同名的属性的值，同时属性的基本数据类型和参数的 String 类型之间能自动转换。

Action 中的方法称为请求处理方法，默认是 execute()。也可以用其他处理方法，格式一般为：

```
public String methodName() throws Exception{
 }
```

方法返回的类型为字符串，这个字符串标识了这个方法执行后需要到达的目的地，称为返回结果名，它与 struts.xml 配置文件中当前 Action 配置中的某个 result 的 name 属性值对应。

Action 要在 struts.xml 中进行配置。在 struts.xml 中，package 元素用来管理 Action、拦截器等核心组件，主要的属性有 name、extends、namespace，分别指定包名、继承的包、命名空间（用户请求的相对路径）。自己定义的包一般都继承包 struts-default。如果需要支持 JSON，可以继承 json-default。Action 在 package 中配置。Action 的 name 属性指定请求标识（支持通配符），它决定该 Action 处理哪个用户请求，class 属性指定该 Action 对应的类。Action 的 result 子元素用于配置 Action 跳转的目的地，其基本格式为：<result name="resultName" type="resultType">…</result>。result 为返回结果名，type 属性指定类型，常用的类型有 dispachter（转发到 jsp）、chain（转发到 Action）、redirect（重定向到 jsp）、redirect-Action（重定向到 Action），默认的类型是 dispachter。在 Action 中定义的 result 为局部 result，只能在本 Action 中使用，可以在<global-results>中定义全局 result。

在软件实训系统中，为管理方便，把配置分成两部分：全局转发、导航及文件操作 Action 放在 yslstruts.xml 文件中配置，其他的配置放在 struts.xml。struts.xml 中通过 include 将 yslstruts.xml 包含进来。yslstruts.xml 文件的内容如下：

```
<?xml version="1.0" encoding="UTF-8"?>
<!DOCTYPE struts PUBLIC
    "-//Apache Software Foundation//DTD Struts Configuration 2.3//EN"
    "http://struts.apache.org/dtds/struts-2.3.dtd">
<struts>
    <package name="yslstrust" extends="json-default">
        <!-- 全局转发 -->
```

```
        <global-results>
            <result name="msg">/common/message.jsp
            </result>
            <result name="myerror">/common/error.jsp
            </result>
            <result name="down" type="stream">
                <param name="contentType">${sinputType}</param>
                <param name="inputName">inputStream</param>
                <param name="contentDisposition">attachment;filen
ame="${sinputfile}"
                </param>
                <param name="bufferSize">4096</param>
            </result>
        </global-results>
        <global-allowed-methods>regex:.*</global-allowed-methods>
        <!-- 异常转发 -->
        <global-exception-mappings>
            <exception-mapping result="myerror"
                        exception="ysl.web.util.YslException"/>
        </global-exception-mappings>
        <!-- 功能导航 -->
        <Action name="Fun" class="ysl.web.Action.YslFunActio n">
            <result name="help">/fun/funHelp.jsp</result>
            <result name="go" type="redirect">${gopage}</result>
        </Action>
        <Action name="FileAction"class="ysl.web.Action.YslFile
Action">
            <result name="status" type="json">
                <param name="root">msg</param>
            </result>
        </Action>
    </package>
</struts>
```

struts.xml 中的配置格式如下:

```
<?xml version="1.0" encoding="UTF-8"?>
<!DOCTYPE struts PUBLIC
      "-//Apache Software Foundation//DTD Struts Configuration
```

```
2.3//EN"
         "http://struts.apache.org/dtds/struts-2.3.dtd">
    <struts>
       <include file="yslstruts.xml"></include>
       <package name="json2" extends="yslstrust" namespace="/">
          <Action name="SxSysSetAction" class="ysl.Action. SxSysSet
Action"/>
          .....
      </package>
    <struts>
```

当 Action 中有多个处理方法时，在配置文件中可通过 Action 元素的 method 属性指定调用那个方法，method 属性支持通配符。例如：

```
    <Action name="SxUser_*" class="ysl.Action.SxUserAction" method
="{1}">
          ......
    </Action>
```

用户请求的 URL 为 SxUser_login.Action 时，将调用 SxUserAction 类的 login()方法；用户请求的 URL 为 SxUser_register.Action 时，将调用 SxUserAction 类的 register()方法。

也可以通过如下格式调用 Action 中对应的方法：

```
控制名！方法名.Action
```

采用这种方式，需要在属性配置文件中将 struts.enable.Dynamic Method Invocation 属性的值设为 true：

```
struts.enable.DynamicMethodInvocation = true
```

2.3 Spring 框架[4]

2.3.1 Spring 及其类包

1. Spring 概述

Spring 是一个开源框架，是为了解决企业应用程序开发复杂性而创建的。它基于依赖注入和面向方面技术，大大地降低了应用开发的难度与复杂度，提高了开发的速度，为企业级应用提供了一个有效的轻量级的解决方案。

Spring 框架是一个分层架构，由 Spring Core（核心容器）、Spring Context（上下文）、Spring AOP（面向方面）、Spring DAO 、Spring ORM 、Spring Web、Spring MVC 这 7 个模块组成。Spring 模块构建在核心容器之上，核心容器定义了创建、配置和管理 Bean 的方式。

在系统中使用 Spring 的主要目的是：

（1）借助于 IoS 技术，提供了强大的 Bean 工厂容器，通过配置的方式描述对象及其依赖关系，降低了模块间的依赖性，简化了程序设计。

（2）借助于它的 AOP 技术，可以方便地实现系统级的功能，如事务管理、日志处理、权限管理等。通过 Spring 降低了系统的复杂性，使系统便于维护和扩充。

（3）借助它对 ORM 的支持，方便使用 Hibernate。

2. Spring 类库

使用 Maven 引入 Spring 类库及其依赖库，配置如下。

```
<properties>
    ……
    <aopalliance-version>1.0</aopalliance-version>
    <cglib-version>3.1</cglib-version>
    <spring.version>4.2.5.RELEASE</spring.version>
</properties>
<dependencies>
  <dependency>
    <groupId>aopalliance</groupId>
    <artifactId>aopalliance</artifactId>
    <version>${aopalliance-version}</version>
</dependency>
<!-- cglib 动态代理 -->
<dependency>
    <groupId>cglib</groupId>
    <artifactId>cglib</artifactId>
    <version>3.1</version>
```

```
</dependency>
<!-- Spring 类库 -->
<dependency>
    <groupId>org.springframework</groupId>
    <artifactId>spring-aspects</artifactId>
    <version>${spring.version}</version>
</dependency>
<dependency>
    <groupId>org.springframework</groupId>
    <artifactId>spring-beans</artifactId>
    <version>${spring.version}</version>
</dependency>
<dependency>
    <groupId>org.springframework</groupId>
    <artifactId>spring-core</artifactId>
    <version>${spring.version}</version>
</dependency>
<dependency>
    <groupId>org.springframework</groupId>
    <artifactId>spring-web</artifactId>
    <version>${spring.version}</version>
</dependency>
<dependency>
    <groupId>org.springframework</groupId>
    <artifactId>spring-webmvc</artifactId>
    <version>${spring.version}</version>
</dependency>
<dependency>
    <groupId>org.springframework</groupId>
    <artifactId>spring-tx</artifactId>
    <version>${spring.version}</version>
</dependency>
<dependency>
    <groupId>org.springframework</groupId>
```

```
        <artifactId>spring-jdbc</artifactId>
        <version>${spring.version}</version>
    </dependency>
    <dependency>
        <groupId>org.springframework</groupId>
        <artifactId>spring-aop</artifactId>
        <version>${spring.version}</version>
    </dependency>
    <dependency>
        <groupId>org.springframework</groupId>
        <artifactId>spring-context</artifactId>
        <version>${spring.version}</version>
    </dependency>
    <dependency>
        <groupId>org.springframework</groupId>
        <artifactId>spring-context-support</artifactId>
        <version>${spring.version}</version>
    </dependency>
    <dependency>
        <groupId>org.springframework</groupId>
        <artifactId>spring-test</artifactId>
        <version>${spring.version}</version>
    </dependency>
    <dependency>
        <groupId>org.springframework</groupId>
        <artifactId>spring-orm</artifactId>
        <version>${spring.version}</version>
    </dependency>
    <dependency>
        <groupId>org.springframework.data</groupId>
        <artifactId>spring-data-jpa</artifactId>
        <version>1.10.1.RELEASE</version>
      </dependency>
    </dependencies>
```

2.3.2 IoC 技术与 Spring 的基本配置

1. IoC 技术

直观地讲，控制反转（Inversion of Control，IoC）就是容器控制程序之间的关系，而在非传统实现中，由程序代码直接操控。这也就是所谓“控制反转”的概念所在。控制权由应用代码中转到了外部容器，控制权的转移是所谓反转。IoC 还有另外一个名字——依赖注入（Dependency Injection，DI）。所谓依赖注入，就是由容器动态地将组件所依赖的对象注入到组件中，组件之间的依赖关系由容器在运行期间决定。

Spring 的基本思想是，把对象之间的依赖关系转移到配置文件中，由工厂类来建立对象。程序不再自己建立对象，而是由容器根据需要动态地建立并注入对象。这样便减少了程序之间的耦合性，也方便了程序的整合。在 Spring 中，Bean 就是由 Spring 容器初始化、装配及管理的对象。Spring 中的 Bean 对象要通过配置文件来描述，一般是放在 WEB-INF 下的 applicationContext.xml 文件中。

2. Spring 的基本配置

在 Web 应用中，可以通过 Spring 容器（WebApplicationContext）来管理这些业务对象以及其他的对象。首先，要在 Web 应用发布时，启动 Spring 容器。在 web.xml 文件中的基本配置如下：

```
<context-param>
    <!-- 该上下文参数指名 Spring 的配置文件 -->
    <param-name>contextConfigLocation</param-name>
    <param-value>/WEB-INF/applicationContext.xml</param-value>
</context-param>
<!-- 配置作为容器的 Srping 监听器 -->
<listener>
     <listener-class>org.springframework.web.context.ContextLo
aderListener>
     </listener-class>
</listener>
```

上面的 contextConfigLocation 参数指定了一个配置文件，该文件存放在

WEB-INF 下。如果没有指定 contextConfigLocation 参数，ContextLoaderListener 将会查找一个名为 /WEB-INF/applicationContext.xml 的文件。

可以有多个配置文件，多个配置文件也可以用逗号、空格或回车换行分隔。

我们把配置文件分成四个：applicationContext-db.xml（配置数据源及实体管理器），applicationContext-tr.xml（配置事务），applicationContext-bean.xml（配置 dao 和 service），applicationContext-other.xml（配置其他 AOP，如日志等）。采用上述格式最终的配置文件如下：

```
<?xml version="1.0" encoding="UTF-8"?>
<web-app ...>
<!-- Spring 上下文参数,指定配置文件 -->
<context-param>
        <param-name>contextConfigLocation</param-name>
        <param-value>
           classpath:applicationContext-*.xml
        </param-value>
    </context-param>
    <!-- 启动 Spring 核心监听器 -->
    <listener>
        <listener-class>org.springframework.web.context.Context
LoaderListener>
        </listener-class>
    </listener>
    <!--用于解决内存泄露的监听器 -->
    <listener>
        <listener-class>org.springframework.web.util.Introspect
orCleanupListener>
        </listener-class>
    </listener>
    <!-- 配置解决延迟加载的过滤类 -->
    <filter>
        <filter-name>SpringOpenEntityManagerInViewFilter</filte
r-name>
        <filter-class>
```

```
                org.springframework.orm.jpa.support.OpenEntityM
anagerInViewFilter
            </filter-class>
            <init-param>
                <param-name>entityManagerFactory</param-name>
                <param-value>entityManagerFactory</param-value>
            </init-param>
        </filter>
        <filter-mapping>
            <filter-name>SpringOpenEntityManagerInViewFilter</filte
r-name>
            <url-pattern>*.Action</url-pattern>
        </filter-mapping>
        <!-- 使用 Spring 提供的编码过滤类 -->
        <filter>
            <filter-name>encodingFilter</filter-name>
            <filter-class>org.springframework.web.filter.Characte
rEncodingFilter>
            </filter-class>
            <init-param>
                <param-name>encoding</param-name>
                <param-value>gbk</param-value>
            </init-param>
        </filter>
        <filter-mapping>
            <filter-name>encodingFilter</filter-name>
            <url-pattern>/*</url-pattern>
        </filter-mapping>
        <!-- 配置 Sturts2 核心过滤器 -->
        ......
    </web-app>
```

3. 在 Spring 配置文件中配置 Bean

先设计 applicationContext-bean.xml，主要是配置 dao 和 service。

```
<?xml version="1.0" encoding="UTF-8"?>
```

```
<?xml version="1.0" encoding="UTF-8"?>
<beans ...>
    <bean id="sxUserDao" class="sx.dao.SxUserDao"/>
    .....
    <bean id="sxUserService" class="ysl.service.SxUserService"
/>
    ......
</beans>
```

2.3.3 Spring集成其他框架

1. Spring与Struts2集成

Spring和Sturts2集成时，Action的实例化由Spring的IoC来控制。要做到这一点，需设置Struts2属性。在struts.properties配置文件中设置struts.objectFactory。

```
struts.objectFactory = spring
```

同时在Web工程中还要引入Sturts2针对Spring发布的plugin插件包struts2-spring-plugin插件。在Struts2技术中我们已经引入了这个类库。

这样，在Struts2的Action中，就可以采用自动注入的方式注入业务对象，例如：

```
public class SxTopicAction extends YslFileAction{
    @Autowired  //使用自动注入
    private ISxTopicService sxTopicService;
    ......
}
```

2. Spring与JPA集成

Spring集成Hibernate JPA主要使用如下两种方法：一是使用JNDI获取EntityManagerFactory，二是使用LocalContainerEntityManagerFactoryBean。在实训系统中使用了第二种方式。LocalContainerEntityManagerFactoryBean提供了对JPA EntityManagerFactory的全面控制，非常适合那种需要细粒度定制的环境。具体配置如下所示。

jdbc.properties 文件：

```
connection.driver_class=com.mysql.jdbc.Driver
connection.url=jdbc:mysql://localhost:3306/kfdxsx?useUnicode=true&amp;characterEncoding=utf8
connection.username=kfdxsx
connection.password=12345
proxool.initialSize=5
proxool.maxActive=30
proxool.maxIdle=20
proxool.minIdle=1
proxool.logAbandoned=true
proxool.removeAbandoned=true
proxool.removeAbandoned=true
proxool.removeAbandonedTimeout=10
proxool.maxWait=10
```

applicationContext-db.xml:

```
<?xml version="1.0" encoding="UTF-8"?>
<beans ....>
    <bean id="propertyConfigurer"
          class="org.springframework.beans.factory.config.PropertyPlaceholderConfigurer">
        <property name="locations">
            <list>
                <value>/WEB-INF/jdbc.properties</value>
                ......
            </list>
        </property>
    </bean>
    <!--支持自动注入标注 -->
    <bean  class="org.springframework.beans.factory.annotation.AutowiredAnnotationBeanPostProcessor" />
    <!--支持@Resource 标注 -->
    <bean class="org.springframework.context.annotation.CommonAnnotationBeanPostProcessor"/>
    <!-- 配置 JPA 注解支持-->
```

```
        <bean class="org.springframework.orm.jpa.support.Persistenc
AnnotationBeanPostProcessor">
        </bean>
        <bean id="dataSource" class="ysl.web.util.YslDataSource"de
troy-method="close">
            <property name="driverClassName" value="${connection.Dr
ver_class}"></property>
            <property name="url" value="${connection.url}"></propet >
            <property name="username" value="${connection.username}
"></property>
            <property name="password" value="${connection.password}
></property>
            <property name="initialSize" value="${proxool.initialSi
e}"></property>
            <property name="maxActive" value="${proxool.maxActive}">
property>
            <property name="maxIdle" value="${proxool.maxIdle}"></
property>
            <property name="minIdle" value="${proxool.minIdle}"></pr
perty>
            <!-- 设置在自动回收超时连接的时候打印连接的超时错误 -->
            <property name="logAbandoned" value="${proxool.logAband
oned}"></property>
            <!-- 设置自动回收超时连接 -->
            <property name="removeAbandoned" value="${proxool. Remoe
bandoned}"></property>
            <!-- 自动回收超时时间(以秒为单位) -->
            <property name="removeAbandonedTimeout" value="${proxool.
removeAbandonedTimeout}"></property>
            <!-- 超时等待时间以毫秒为单位 -->
            <property name="maxWait" value="${proxool.MaxWait}"></
property>
        </bean>
        <bean id="entityManagerFactory" class="org.springframework.
orm.jpa.LocalContainerEntityManagerFactoryBean">
```

```
        <property name="dataSource" ref="dataSource" />
        <property name="jpaVendorAdapter">
            <bean class="org.springframework.orm.jpa.vendor.Hibe
rnateJpaVendorAdapter">
                <property name="databasePlatform" value="org.hibe
rnate.dialect.MySQL5Dialect" />
                <property name="showSql" value="false" />
                <property name="generateDdl" value="true"/>
            </bean>
        </property>
    </bean>
</beans>
```

有了上述配置后，就可在 Dao 中使用 EntityManager 实例来操作数据库。

```
@PersistenceContext
private EntityManager em;
@Override
public void insert(T obj) {
    em.persist(obj);//此处直接使用 em
}
```

2.3.4 AOP 技术与事务处理

AOP 的核心思想是将应用程序中的业务逻辑处理部分同对其提供支持的通用服务，即所谓的“横切关注点”进行分离，这些“横切关注点”贯穿了程序中的多个纵向模块的需求。通过使用 AOP 来实现事务管理，可以为任意的 Java Class 实现事务管理，不依赖特定的事务资源，从而使得系统的应用与部署更加灵活。

通过 AOP 实现事务管理可以归纳为两种：一种是普通代理方式，另一种是自动代理方式。采用自动代理方式，可以避免增量式配置，所有的事务代理由系统自动创建[5]。采用动态代理的管理事务的配置如下所示：

```
<?xml version="1.0" encoding="UTF-8"?>
<beans ……>
    <bean id="transActionManager"
```

```
                    class="org.springframework.orm.jpa.paTranAction
anager">
            <property name="entityManagerFactory" ref="entity Manager
Factory" />
        </bean>
        <bean id="transActionInterceptor"
              class="org.springframework.transAction.interceptor.
TransActionInterceptor">
            <!-- 事务拦截器 bean 需要依赖注入一个事务管理器 -->
            <property  name="transActionManager"  ref="transActionMan
ger" />
            <property name="transActionAttributes">
                <!-- 下面定义事务传播属性-->
                <props>
                    <prop  key="add*">PROPAGATION_REQUIRED</prop>
                    <prop  key="edit*">PROPAGATION_REQUIRED</prop>
                    <prop  key="delete*">PROPAGATION_REQUIRED</prop>
                    <prop  key="import*">PROPAGATION_REQUIRED</prop>
                    <prop  key="set*">PROPAGATION_REQUIRED</prop>
                    <prop  key="start*">PROPAGATION_REQUIRED</prop>
                    <prop  key="refresh*">PROPAGATION_REQUIRED</prop>
                    <prop key="find*">PROPAGATION_REQUIRED,eadnl</ro >
                    <prop  key="*">PROPAGATION_REQUIRED</prop>
                </props>
            </property>
        </bean>
        </beans>
        <!-- 定义 BeanNameAutoProxyCreator,根据事务拦截器为目标 bean 自动
创建事务代理-->
        <bean class="org.springframework.aop.framework.autoproxy.Be
anNameAutoProxyCreator">
            <!--指定对满足哪些 bean  name 的 bean 自动生成业务代理 -->
            <property  name="beanNames">
                <!-- 下面是所有要自动创建事务代理的 bean-->
                <list>
```

```
            <value>*Service</value>
        </list>
        <!-- 此处可增加其他需要自动创建事务代理的bean-->
    </property>
    <!-- 下面定义BeanNameAutoProxyCreator所需的事务拦截器-->
    <property name="interceptorNames">
        <list>
            <value>transActionInterceptor</value>
        </list>
    </property>
</bean>
```

2.4 Hibernate JPA 技术[6~8]

2.4.1 Hibernate JPA 及其类库

1. JPA 技术概述

对象关系映射（Object-Relation Mapping，ORM）是用来将对象和对象之间的关系对应到数据库中表与表之间的关系的一种模式。ORM 框架的出现，使开发者从数据库编程中解脱出来，把更多的精力放在了业务模型与业务逻辑上。在 JPA 规范之前，由于没有官方的标准，使得各 ORM 框架之间的 API 差别很大，使用了某种 ORM 框架的系统会严重受制于该 ORM 的标准。JPA 的技术主要包括：支持标注配置的 ORM 映射元数据，用来操作实体对象的 API 以及查询语言。

JPA 和 Hibernate 的关系就像 JDBC 和 JDBC 驱动的关系，JPA 是规范，Hibernate 除了作为 ORM 框架之外，它也是一种 JPA 实现。Hibernate 对 JDBC API 进行了封装，负责 Java 对象的持久化，在分层的软件架构中它位于持久化层，封装了所有数据访问细节，使业务逻辑层可以专注于实现业务逻辑。Hibernate 3.2 以后的版本开始支持 JPA。Hibernate 不仅仅管理 Java 类到数据库表的映射，还提供了数据查询和获得数据的方法，可以大幅度减少开发时人工使用 SQL 和

JDBC 处理数据的时间。

2. 在项目中添加 Hibernate JPA 类库

使用 Maven 引用 Hibernate JPA 类库：

```
<properties>
    ......
    <hibernate.version>5.1.0.Final</hibernate.version>
</properties>
<dependencies>
    <!-- hibernate 核心库 -->
    <dependency>
        <groupId>org.hibernate</groupId>
        <artifactId>hibernate-core</artifactId>
        <version>${hibernate.version}</version>
  </dependency>
  <!-- hibernate 缓存 -->
  <dependency>
      <groupId>org.hibernate</groupId>
      <artifactId>hibernate-ehcache</artifactId>
      <version>${hibernate.version}</version>
    </dependency>
    <!-- hibernate JPA -->
    <dependency>
        <groupId>org.hibernate</groupId>
        <artifactId>hibernate-entitymanager</artifactId>
        <version>${hibernate.version}</version>
    </dependency>
    <!-- hibernateJDBC 连接池 -->
    <dependency>
          <groupId>org.hibernate</groupId>
          <artifactId>hibernate-c3p0</artifactId>
          <version>${hibernate.version}</version>
     </dependency>
</dependencies>
```

2.4.2 实体对象映射

一个普通的 Java 类通过标注@Entity 可以映射成为可持久化的实体，实体可以对应数据库中的数据表。

1. 设置 Java 类为实体

@Entity 标注用来表示一个可持久化的实体。例如，YslType 类标注成实体：

```
@Entity
public class YslType implements Serializable {
    ......
}
```

2. 映射表和字段

@Table 标注用来表示所映射的表，可以标注在类前。例如：

```
@Entity
@Table(name = "ysl_type")
public class YslType implements Serializable{
    ......
}
```

指定 schema 为 sx，表名为 ysl_type：

```
@Entity
@Table(name = "ysl_type" , schema = "sx")
public class YslType implements Serializable{
    ......
}
```

@Column 标注用来表示属性所映射的字段，可以标注在 Getter 方法或属性前。例如：

```
@Basic(optional = false) //不允许为空
@Column(name = "type_name") //设置属性 typeName 对应的字段为
type_name
private String typeName;
```

也可以如下配置：

```
@Column(name = "type_name", nullable = false, length=50)//设置
属性 name 对应的
字段为 name，长度为 50，非空
```

```
private String typeName;
```

3. 主键映射

主键（Primary Key）是实体的唯一表示，每个实体至少要有一个唯一标识的主键。主键用@Id 标注。例如：

```
@Id
@Column(name = "data_id")
private Integer id;
```

@GeneratedValue 标注和@ID 标注配合使用，用来设定主键的产生策略。其属性 strategy 指定生成策略，默认情况下，JPA 自动选择一个最适合底层数据库的主键生成策略；属性 generator 指定将被生成器引用的策略名。例如：

```
@Id
@Column(name = "data_id")
@GeneratedValue(strategy = GenerationType.IDENTITY) //主键自增
private int id;
```

在 Javax.persistence.GenerationType 这个枚举类中定义了以下几种可供选择的策略：

1）映射 Blob 和 Clob 类型

通常，可以在数据库中保存诸如图片、长文本类型的数据。这些类型的数据一般是保存成 Blob 和 Clob 类型的。这两种类型的数据可以使用@Lob 来标注。例如，一个实训任务实体有如下内容字段：

```
@Lob //对应 Clob 字段类型
@Column(name = "topic_require")
private String require; //简历
```

2）映射时间类型

在进行实体映射时，有关时间日期的类型可以是 Java.sql 包下的 Java.sql.Date、Java.sql.Time 或 Java.sql.Timestamp，也可以是 Java.util 包的 Java.util.Date 或 Java.util.Calendar 类型。默认情况下，实体中使用的数据类型是 Java.sql 包下的类，如果想使用 Java.ut.util 包中的时间日期类型，可@Temporal 标注来说明。例如：

```
@Column(name = "user_datetime", nullable = false, insertable = false, updatable = false, columnDefinition = "timestamp")
@Temporal(TemporalType.TIMESTAMP)
public Date datetime;
```

3）瞬时字段（非持久化类型）

用@Transient 标注不需要与数据库映射的字段（不需保存到数据库），例如：

```
@Transient
private int tempValue; //临时用的属性，不需要保存到数据库中
```

2.4.3 实体关系映射

实体关系是指实体与实体之间的关系，要从方向性和数量性两个方面来考虑。两个实体间的关系从方向上分，可分为单向关联和双向关联。单向关联是一个实体中引用了另外一个实体。双向关联是两个实体之间可以相互获得对方对象的引用。两个实体间的关系从引用的数量上分，又分为一对一（One to One）、一对多（One to Many）、多对多（Many to Many）三种。

1. 一对一

一对一映射一般使用外键关联实现。例如，在 sx_topic 表定义一个外键 prochelp_id 与表 sx_procHelp 关联，该外键添加唯一性约束。实体的定义如下：

```
@Entity
@Table(name = "sx_topic")
public class SxTopc extends YslData{
    .....
    @OneToOne(cascade = {CascadeType.ALL}, optional = false)
    @JoinColumn(name = "prochelp_id")
    private SxProcHelp sxProcHelp;
    ......
}
@Entity
@Table(name = "sx_procHelp")
public class SxProcHelp implements Serializable {
    ......
```

```
    private SxTopic topic;
    ......
    }
```

其中，@OneToOne 标注用于建立实体 Bean 之间的一对一关联，@JoinColumn 用于表示关联的列，它的属性与@Column 类似。

2. 一对多

一对多的实体关系一般也使用外键关联。例如，表 sx_procHelp 和表 sx_processTips 是一对多的关系，通过 sx_processTips 表的外键进行关联。实体类的映射关系可以定义成如下：

```
@Entity
@Table(name = "sx_procHelp")
public class SxProcHelp implements Serializable {
    ......
    @OneToMany(targetEntity = SxProcessTips.class, casca de =
(CascadeType.ALL), fetch = FetchType.EAGER)
@JoinColumn(name = "prochelp_id")
private   List<SxProcessTips>   procTips   =   new   ArrayList<
SxProcessTips>();
    ......
}
```

其中@OneToMany 标注用于定义一对多关联。

3. 多对一

ysl_data 表和 ysl_type 之间的关系是多对一的关系，使用@ManyToOne 标注多对一关联。

```
@MappedSuperclass
public class YslData implements Serializable {
    ......
    @ManyToOne
    @JoinColumn(name = "type_id", referencedColumnName = "type_
id")
    private YslType type;//资源类别
    ......
```

```
}
```

@ManyToOne 的属性与@OneToOne 中的属性表示的意义类似。

4. JPA 映射继承

1）单表继承策略

单表继承策略，父类实体和子类实体共用一张数据库表，在表中通过一列辨别字段来区别不同类别的实体。具体做法如下：

在父类实体的@Entity 注解下添加如下的注解：

```
@Inheritance(Strategy=InheritanceType.SINGLE_TABLE)
@DiscriminatorColumn(name="辨别字段列名")
@DiscriminatorValue(父类实体辨别字段列值)
```

在子类实体的@Entity 注解下添加如下的注解：

```
@DiscriminatorValue(子类实体辨别字段列值)
```

2）Joined 策略

父类实体和子类实体分别对应数据库中不同的表，子类实体的表中只存在其扩展的特殊属性，父类的公共属性保存在父类实体映射表中。具体做法：

```
@Inheritance(Strategy=InheritanceType.JOINED)
```

子类实体不需要特殊说明。

例如，SxUser 继承 YslUser：

```
@Entity
@Table(name = "ysl_user")
@Inheritance(strategy = InheritanceType.JOINED)
public class YslUser implements Serializable, IYslUserDetail {
    ......
}
@Entity
@Table(name = "sx_user")
@PrimaryKeyJoinColumn(name = "user_id")
public class SxUser extends YslUser {
    ......
}
```

3）@MappedSuperclass

标注为@MappedSuperclass 的类将不是一个完整的实体类，将不会映射到数据库表，但是其属性都将映射到其子类的数据库字段中。例如：

```
@MappedSuperclass
public class YslData implements Serializable {
    ......
}
@DataTransferObject
@Entity
@Table(name = "sx_topic")
public class SxTopic extends YslData {
    ......
}
```

2.4.4 JPA 配置与实体操作

使用 JPA 主要是配置实体管理器，可以利用 Spring 管理实体关联器，关于数据源和实体管理器配置在 Spring 技术中已经介绍。

实体的操作主要如下。

1. 持久化实体（创建实体）

将内存中的实体对象写入数据表，在表中反映的是新增了一行记录，对应 SQL 的 insert 语句。持久化实体可通过 persist()方法。例如：

```
em.persist(sxTopic);//em 为实体管理器对象,bsTopic 为课题实体对象
```

2. 修改实体

已持久化的实体，修改后可以通过 merge()方法将其重新保存。例如：

```
em.merge(bsCustomer);
```

3. 删除实体

将持久化的实体从数据库中删除，可以通过 remove()方法。例如：

```
em.remove(sxTopic);
```

4．根据主键查询实体

通过实体管理器的find()方法或getReference()方法可以根据主键查询实体，与前者不同，后者在没有找到时不是返回null，而是抛出异常。例如：

```
SxTopic sxTopic= em.find(SxTopic.class, topicId);
```

5．刷新实体

如果当前被管理的实体已经不是数据库中最新的数据，则可以通过refresh()方法刷新实体。例如：

```
em.refresh(sxTopic);
```

6．刷新实体到数据库

当调用 persist()、merge()和 remove()这些方法时，更新并不会立刻同步到数据库中，直到容器决定刷新到数据库中时才会执行。在默认情况下，容器决定刷新是在“相关查询”[除 find()和 getReference()之外]执行前或事务提交时发生的，如果你需要在事务提交之前将更新刷新到数据库中，可调用flush()方法，即手动来刷新数据库。例如：

```
em.flush(sxTopic);
```

7．执行复杂查询

要执行复杂查询，需要利用实体管理器建立Query对象。JPA中可以执行两种方式的查询：一种是使用JPQL（Java Persistence QL，Java持久化查询语言），另一种是使用Native SQL（本地SQL）。JPQL是一种与数据库无关的，基于实体（entity-based）的查询语言，它是基于实体的查询，使用Query进行查询的基本步骤如下。

（1）编写查询语句。例如：

```
String jpql= "select c from YslUser c where c.userName = ? and
c.userPwd = ?";//使用位置参数
```

（2）建立查询。例如：

```
Query query = entityManager.createQuery(jpql);
```

（3）设置查询中的参数。例如：

```
query.setParameter(1, "wangjun");//注意位置参数是从1开始的
query.setParameter(2, "1234");
```

（4）执行查询。例如：

```
query.setMaxResults(1);//最多返回一个结果
Customer customer1 = query.getSingleResult();
```

Query 对象提供了三种执行查询的方法：

- List getResultList()：执行 SELECT 查询，并且查询结果为结果集。
- Object getSingleResult()：执行 SELECT 查询，并且查询结果只有一个。
- int executeUpdate()：执行 UPDATE 更新或 DELETE 删除，结果返回成功更新或删除的记录数。

当查询结果很多时，通常要将查询结果分页显示。在 JPA 中，查询结果的分页主要是通过以下方法：用 setFirstResult()设置起始位置（索引位置是从 0 开始），用 setMaxResults()设置返回最大记录数。

例如，若页号为 pageNo，页大小为 pageSize，设置分页的语句如下：

```
query.setFirstResult((pageNo-1)*pageSize);
query.setMaxResults(pageSize);
```

当查询结果很多时，通常要将查询结果分页显示。在 JPA 中，查询结果的分页主要是通过以下方法：用 setFirstResult()设置起始位置（索引位置是从 0 开始），用 setMaxResults()设置返回最大记录数。

例如，若页号为 pageNo，页大小为 pageSize，设置分页的语句如下：

```
query.setFirstResult((pageNo-1)*pageSize);
query.setMaxResults(pageSize);
```


2.5 Spring Security[9]

2.5.1 Spring Security 概述

Spring Security 是一个能够为基于 Spring 的企业应用系统提供声明式的安全访问控制解决方案的安全框架。它提供了一组可以在 Spring 应用上下文中配置的 Bean，充分利用了 Spring IoC（Inversion of Control，控制反转）和 AOP（面向方面编程）功能，为应用系统提供声明式的安全访问控制功能，减少了为企业系统安全控制编写大量重复代码的工作。

一般来说，Web 应用的安全性包括用户认证（Authentication）和用户授权（Authorization）两个部分。用户认证指的是验证某个用户是否为系统中的合法主体，也就是说用户能否访问该系统。用户认证一般要求用户提供用户名和密码。系统通过校验用户名和密码来完成认证过程。用户授权指的是验证某个用户是否有权限执行某个操作。在一个系统中，不同用户所具有的权限是不同的。一般来说，系统会为不同的用户分配不同的角色，而每个角色则对应一系列的权限。

在不使用 Spring Security 之前，所有的权限验证逻辑都混杂在业务逻辑中，在用户的每个操作之前都需要对用户是否有进行该项操作的权限进行判断，来达到认证授权的目的。类似这样的权限验证逻辑代码被分散在系统的许多地方，难以维护。AOP 和 Spring Security 为我们的应用程序很好地解决了此类问题，正如系统日志、事务管理等这些系统级的服务一样，我们应该将它作为系统一个单独的“方面”进行管理，以达到业务逻辑与系统级的服务真正分离的目的，Spring Security 将系统的安全逻辑从业务中分离出来。而且对于上面提到的两种应用情景，Spring Security 框架都有很好的支持。在用户认证方面，Spring Security 框架支持主流的认证方式，包括 HTTP 基本认证、HTTP 表单验证、HTTP 摘要认证、OpenID 和 LDAP 等。在用户授权方面，Spring Security 提供了基于角色的访问控制和访问控制列表（Access Control List，ACL），可以对应用中的领域对象进行细粒度的控制。

2.5.2 Spring Security 过滤器及其配置

Spring Security 对 Web 安全性的支持大量地依赖于 Servlet 过滤器。这些过滤器拦截用户请求，并且在应用程序处理该请求之前进行某些安全处理。Spring Security 提供有若干个过滤器，它们能够拦截 Servlet 请求，并将这些请求转给认证和访问决策管理器处理，从而增强安全性。

DelegatingFilterProxy是一个Servlet过滤器代理，它本身也是一个过滤器。使用这个类的好处主要是通过Spring容器来管理过滤器的生命周期，还有就是如果过滤器中需要一些Spring容器的实例，可以通过spring直接注入，另外读取一些配置文件这些便利的操作都可以通过Spring来配置实现。

使用Spring Security，首先需要在Web.xml中配置DelegatingFilterProxy。

```
<filter>
        <filter-name>springSecurityFilterChain</filter-name>
        <filter-class>org.springframework.web.filter.Delegating
FilterProxy</filter-class>
    </filter>
    <filter-mapping>
        <filter-name>springSecurityFilterChain</filter-name>
        <url-pattern>/*</url-pattern>
</filter-mapping>
```

2.5.3 扩展Spring Security

使用Spring Security进行权限控制有以下主要方法：

（1）全部利用配置文件，将用户、权限、资源硬编码在 xml 文件中。

（2）用户和权限用数据库存储，而资源（url）和权限的对应采用硬编码配置。

（3）细分用户和权限，并将用户、角色、权限和资源均采用数据库存储，并且自定义过滤器，代替原有的FilterSecurityInterceptor过滤器；同时，分别实现AccessDecisionManager、InvocationSecurityMetadataSource和UserDetails Service，并在配置文件中进行相应的配置。InvocationSecurityMetadataSource将配置文件或数据库中存储的资源url 提取出来加工成 url和权限列表的Map供Security 使用，UserDetailsService 是提取用户名和权限组成一个完整的（UserDetails）User 对象，该对象可以提供用户的详细信息，供 Authentation Manager 进行认证与授权使用。

软件实训系统采用了第三种方案。结合具体的应用，进行了如下扩展：

- YslSecurityMetadataSource 继承 FilterInvocationSecurityMetadataSource，从数据库存储获取用于验证的权限数据。
- YslAccessDeniedHandlerImpl 继承 AccessDeniedHandler，用于配置无权访问时转到目的路径。
- YslConcurrentSessionControlStrategy 继承 SessionFixationProtectionStrategy，以实现单点登录。
- YslLoginFailureHandler 继承 SimpleUrlAuthenticationFailureHandler，用于配置登录失败时转到目的路径。
- YslAntPathRequestMatcher 继承 RequestMatcher，重新实现 AntPathRequestMatcher，以便当模式中包含参数时，路径中也允许有参数。
- YslHttpSessionEventPublisher 继承 HttpSessionEventPublisher，用于初始化访问人数和在线人数。
- YslLoginSuccessHandler 继承 SavedRequestAwareAuthenticationSuccessHandler，用于登录成功时累计访问人数及在 session 保存用户。
- YslRedirectResponseWrapper 继承 HttpServletResponseWrapper，作为响应对象包装类。
- YslLoginAjaxFilter 继承 OncePerRequestFilter，用于处理 Ajax 登录。
- YslUsernamePasswordAuthenticationExtendFilter 继承 UsernamePasswordAuthenticationFilter 类，用于实现验证码功能。
- YslRoleHierarchy 实现 RoleHierarchy 接口，用于处理用户权限的层次关系。
- YslSecurityInterceptor 继承 AbstractSecurityInterceptor，用于权限验证。

扩展 Spring Security 的相关类类图如图 2-5 所示。

在 WEB-INF 中添加 security.properties 文件，配置参数如下所示。

```
security.logout.successUrl=user/loginout.jsp
security.accessDeniedHandler.errorPage=common/message.jsp
security.login.page=common/message_1.jsp
security.userService=userService
security.login.openValidateCode=true
security.login.codeErrorUrl=user/login.jsp?login_error=1
```

```
security.login.successUrl=index.jsp
security.login.failureUrl=user/login.jsp?login_error=1
security.userDetailsService=userService
security.remember.time=31536000
security.url.properties=url.properties
security.method.properties=method.properties
security.invalid.session.url=user/login.jsp
security.session.expiredUrl=index.jsp
security.invalid.session.url=index.jsp
```

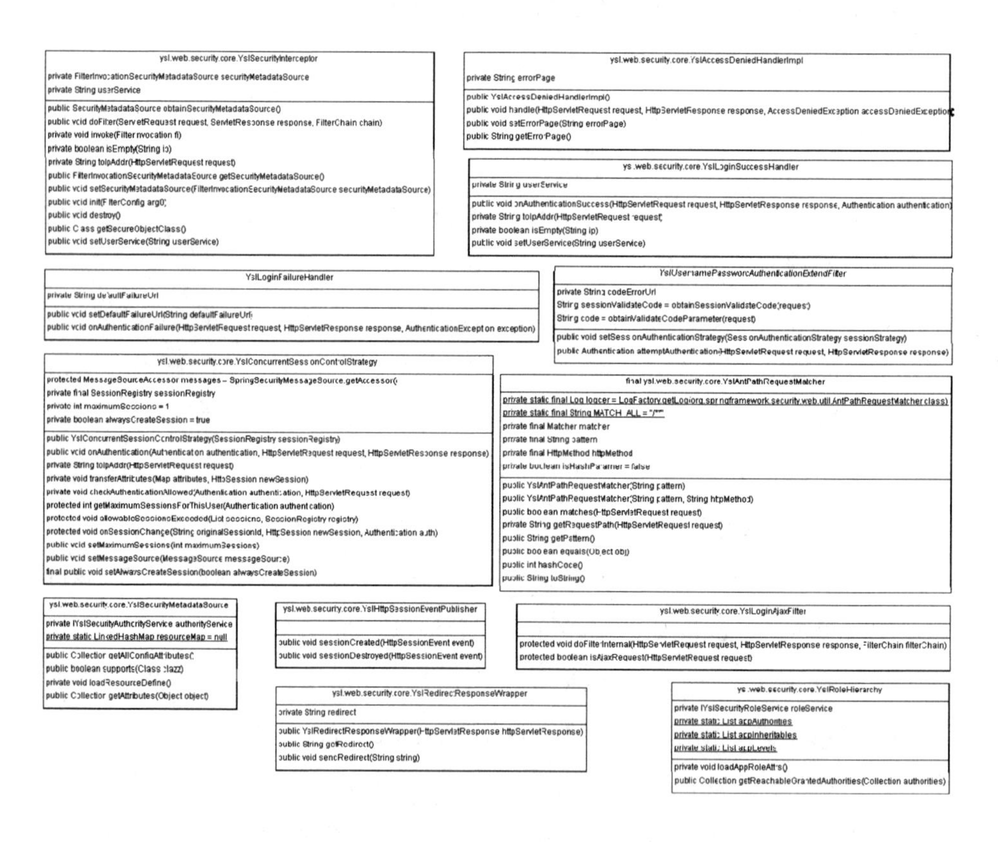

图 2-5　扩展 Spring Security 的相关类类图

在源包中添加 applicationContext-Security.xml 文件，内容如下所示。

```
<?xml version="1.0" encoding="UTF-8"?>
<beans:beans
xmlns="http://www.springframework.org/schema/security"
```

```
              xmlns:beans="http://www.springframework.org/schem
a/beans"
              xmlns:xsi="http://www.w3.org/2001/XMLSchema-instan
ce"
              xsi:schemaLocation="http://www.springframework.org
/schema/beans
             http://www.springframework.org/schema/beans/spring-b
eans-3.0.xsd
             http://www.springframework.org/schema/security
             http://www.springframework.org/schema/security/spri
ng-security-3.1.xsd">
       <http entry-point-ref="loginAuthenticationEntryPoint">
           <!-- 无权限时 -->
           <access-denied-handler ref="accessDeniedHandler"/>
           <!-- 删除 Cookie 时 -->
           <logout delete-cookies="JSESSIONID"
               logout-success-url="/${security.logout.successUr
l}"
               invalidate-session="true"/>
           <!-- 实现免登录验证 -->
           <remember-me services-ref="rememberMeServices"/>
           <!-- session 实效时-->
           <session-management invalid-session-url="/"/>
           <!-- 设置登录过滤器 -->
           <custom-filter position="FORM_LOGIN_FILTER" ref="login
Filter" />
           <!-- 设置权限验证过滤器 -->
           <custom-filter before="FILTER_SECURITY_INTERCEPTOR" ref
="mySecurityInterceptor" />
       </http>
       <!-- 未登录的切入点 即转到哪个登录页-->
       <beans:bean id="loginAuthenticationEntryPoint" class="org.
springframework.security.web.authentication.LoginUrlAuthentication
EntryPoint">
          <beans:constructor-arg name="loginFormUrl"
```

```
                value="/${security.login.page}"></beans:constructo
r-arg>
            <beans:property name="useForward" value="false"/>
        </beans:bean>
        <!--无权限时的处理-->
        <beans:bean id="accessDeniedHandler"
          class="ysl.web.security.core.YslAccessDeniedHandlerImpl">
            <beans:property name="errorPage"
                value="/${security.accessDeniedHandler.errorPage}" />
        </beans:bean>
        <!-- 登录记忆（Cookide) -->
        <beans:bean id="rememberMeAuthenticationProvider"
       class="org.springframework.security.authentication.Remember
MeAuthenticationProvider">
            <beans:property name="key" value="changeThis" />
        </beans:bean>
        <beans:bean id="rememberMeServices" class="org.spring frame
work.security.web.authentication.rememberme.TokenBasedRememberMeSe
rvices">
            <beans:property name="userDetailsService" ref="$ {secur
ity.userService}"/>
            <beans:property name="key" value="changeThis"/>
            <beans:property name="parameter" value="j_remember_me" />
            <beans:property name="tokenValiditySeconds" value="${se
curity.remember.time}" />
        </beans:bean>
        <!-- 限制用户的最大登录数,防止一个账号被多人使用 -->
        <beans:bean id="sas"
            class="ysl.web.security.core.YslConcurrentSessionContr
olStrategy">
            <beans:property name="maximumSessions" value="1"></ beans:
property>
            <beans:constructor-arg name="sessionRegistry" ref="sess
ionRegistry">
             </beans:constructor-arg>
```

```
        </beans:bean>
        <beans:bean id="sessionRegistry"
        class="org.springframework.security.core.session.SessionRe
gistryImpl"></beans:bean>
        <!-- 登录过滤器 -->
        <beans:bcan id="loginFilter"
              class="ysl.web.security.core.YslUsernamePasswordAut
henticationExtendFilter">
            <!-- 是否开启验证码 -->
            <beans:property name="openValidateCode"
                  value="${security.login.openValidateCode}"/>
             <!-- 验证码失败进入的 -->
            <beans:property name="codeErrorUrl" value="/${security.
login.codeErrorUrl}"/>
            <!-- 登录成功时 -->
            <beans:property name="authenticationSuccessHandler" ref
="loginSuccessHandler"/>
            <!-- 登录失败时 -->
            <beans:property name="authenticationFailureHandler" ref
="loginFailureHandler"/>
            <!-- 权限管理者 -->
            <beans:property name="authenticationManager"ref="my Aut
henticationManager"/>
            <!-- session 权限策略 -->
            <beans:property name="sessionAuthenticationStrategy" ref
="sas"></beans:property>
        </beans:bean>
        <beans:bean id="loginSuccessHandler"
                 class="ysl.web.security.core.YslLoginSuccessHand
ler">
            <beans:property name="defaultTargetUrl" value="/${secu
rity.login.successUrl}"/>
            <beans:property name="userService" value="${sec urity.Us
erService}"/>
        </beans:bean>
```

```
        <beans:bean id="loginFailureHandler"
                    class="ysl.web.security.core.YslLoginFailureHand
ler">
            <beans:property  name="defaultFailureUrl"  value="/${se
curity.login.failureUrl}"/>
        </beans:bean>
        <!-- 实现了 UserDetailsService 的 Bean -->
        <authentication-manager alias="myAuthenticationManager">
            <authentication-provider  user-service-ref="${security.
userService}">
                <!-- 登录密码  采用 MD5 加密 -->
                <password-encoder hash="md5" ref="passwordEncoder"/>
            </authentication-provider>
        </authentication-manager>
        <!-- 用户的密码加密或解密 -->
        <beans:bean id="passwordEncoder"
         class="org.springframework.security.authentication.encod
ing.Md5PasswordEncoder" />
        <!-- 权限验证过滤器 -->
        <beans:bean id="mySecurityInterceptor"
            class="ysl.web.security.core.YslSecurityInterceptor">
            <beans:property  name="userService"  value="${security.
userService}"/>
            <beans:property name="authenticationManager" ref=" myAu
thenticationManager"/>
            <beans:property  name="accessDecisionManager"  ref="myAc
cessDecisionManager"/>
            <!-- 自定义的 YslSecurityInterceptor 的目的是为了提供这个 -->
            <beans:property name='securityMetadataSource'ref=" mySe
curityMetadataSource"/>
        </beans:bean>
        <!-- 访问决策器 -->
        <beans:bean id="myAccessDecisionManager"
            class="org.springframework.security.access.vote.Affirma
tiveBased">
```

```
            <beans:property name="decisionVoters">
                <beans:list>
                    <beans:ref bean="roleHierarchyVoter" />
                    <beans:bean class="org.springframework. security.
access.vote.AuthenticatedVoter"/>
                </beans:list>
            </beans:property>
        </beans:bean>
        <!-- 支持权限继承（层级关系） -->
        <beans:bean id="roleHierarchyVoter"
            class="org.springframework.security.access.vote.RoleHie
rarchyVoter">
            <beans:constructor-arg ref="roleHierarchy" />
        </beans:bean>
        <beans:bean id="roleHierarchy" class="ysl.web. security.core.
YslRoleHierarchy"/>
        <!-- 资源权限读取器* -->
        <beans:bean id="mySecuritySecurityMetadataSource"
```

2.6 Activiti 技术[10~12]

2.6.1 工作流及 BPMN 规范

工作流（Workflow）就是工作流程及其各操作步骤之间业务规则的抽象、概括和描述。工作流建模则是将工作流程中的工作如何前后组织在一起的逻辑和规则在计算机中以恰当的模型进行表示并对其实施计算。工作流要解决的主要问题是：为实现某个预期的业务目标，或者促使此目标的实现，在多个参与者之间，利用计算机，按照某种预定义的规则传递文档、信息或者任务。

随着工作流技术的兴起，为了给全部业务的参与者提供易于理解的标准标记法，有业务流程管理倡议组织（BPMI）开发了“业务流程建模标记法”（Business Process Modeling Notation，BPMN），简称为 BPMI 规范。BPMI 组织于 2005 年并入 OMG 组织（Object Management Group），当前 BPMN 规范由 OMG 组织进行维护。BPMN 规范 1.0 版由 BPMI 组织于 2004 年发布。BPMN 发布是为了让业务流程的全部参与人可以对流程进行可视化管理，提供一套让所有业务用户都易于理解的语言和标记，为业务流程的设计人员（非技术人员）和实现人员（技术人员）建立起一座桥梁。OMG 于 2011 年推出 BPMN2.0 规范。BPMN 2.0 相比于第一个版本，其最重要的变化在于其定义了流程的元模型和执行语义，即它自己解决了存储、交换和执行的问题。

2.6.2 Activiti 工作流平台

Activiti 是一个开源的工作流平台，它实现了 BPMN 2.0 规范，可以发布设计好的流程定义，并通过 Api 进行流程调度。Activiti 作为一个遵从 Apache 许可的工作流和业务流程管理开源平台，其核心是基于 Java 的超快速、超稳定的 BPMN 2.0 流程引擎，强调流程服务的可嵌入性和可扩展性，同时更加强调面向业务人员。Activiti5 基于 BPMN2 的工作流模型使以往工作流系统中像是流程分支、流程并行、流程合并等较难以实现的功能，通过简单操作的图形化操作即可实现。与传统开发方式相比，Activiti5 消除了以往硬编码式工作流系统中业务分析人员和软件开发人员混淆不清的问题，其业务设计人员可以独立进行流程设计的特性，将开发人员从烦琐的业务流程设计和编码中解脱出来，极大地提高了业务流程需求变化时的响应速度。

Activiti5 提供了两个图形化流程和流程表单设计器，分别是基于 Web 并利用 SVG 实现的 Activiti Modeler 和 Eclipse plugin 形式的 Activiti Designer。Activiti5 的体系结构如图 2-6 所示。

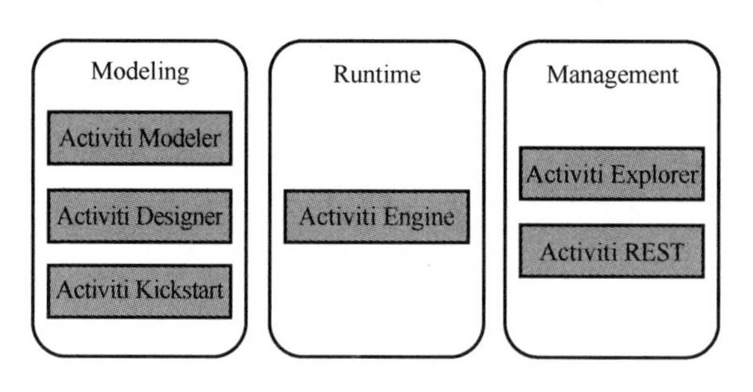

图 2-6　Activiti5 的体系结构

Activiti Engine 是 Activiti 项目的核心。它是一个 Java 编写的流程引擎，执行以流程建模语言定义的流程。流程虚拟机（Process Virtual Machine，PVM）是 Activiti Engine 的重要部分。Activiti Engine 通过 PVM 来解释包括 BPMN 2.0 在内的各种建模语言定义的流程文件。同时，Activiti Engine 还负责对工作流实例控制和统计数据收集，包括任务分发、事务管理、报表生成，等等。

Activiti Explorer 是一个 Web 应用程序，供用户访问 Activiti Engine。它提供 UI 以进行流程流转、任务管理、流程实例检验、系统管理和数据统计报表展示，Activiti Modeler 也可以经由 Activiti Explorer 来访问。

Activiti Modeler 提供了从 Web 来管理 Activiti 流程的方案。通过 Activiti Modeler 流程建模人员可以用浏览器建立 BPMN 2.0 标准的流程模型并部署执执行。同时，Activiti Modeler 还包括一个 Web 表单编辑器。

Activiti Designer 是一个 Eclipse 插件，它允许在 IDE 环境内用 BPMN 2.0 建立流程模型。相对 Web 的 Activiti Modeler，它支持更多 Activiti 的扩展功能，使流程建模人员能够进行更细粒度的配置，以发挥流程和引擎的全部能力。

Activiti KickStart 是一个基于 Web 的入门级建模工具，用 Activiti 引擎可用构件的子集提供快速创建简单业务流程的能力。通过 Kickstart 用户可以使用更加通俗的概念建模，即使不了解 BPMN 或者其他建模语言也可以建立简单流程。通过 KickStart 创建的流程是和 BPMN 2.0 兼容的，它可作为学习 BPMN 2.0 建模的起点。

Activiti5 的流程设计器 Activiti Modeler 和 Activiti Designer，将是解决流程硬编码和设计模型与实施模型存在差异这两大问题的关键，针对流程硬编码问题，Activiti5 的流程设计器能够在 Web 端以图形化操作的方式对流程和表单进行定义并生成流程定义文件，并将生成的定义文件部署到工作流系统即可完成流程的新建或修改；对于设计模型与实施模型的差异问题，Activiti5 的流程设计器使用业务分析人员的业务流程设计语言 BPMN 2.0 来实现流程建模，达到设计模型和实施模型的统一，使 IT 开发人员不必再参与到流程建模当中。

2.6.3 Activiti 流程引擎

Activiti 流程引擎重点关注在系统开发的易用性和轻量性上。每一项 BPM 业务功能 Activiti 流程引擎都以服务的形式提供给开发人员。通过使用这些服务，开发人员能够构建出功能丰富、轻便且高效的 BPM 应用程序。Activiti 系统服务结构如图 2-7 所示。

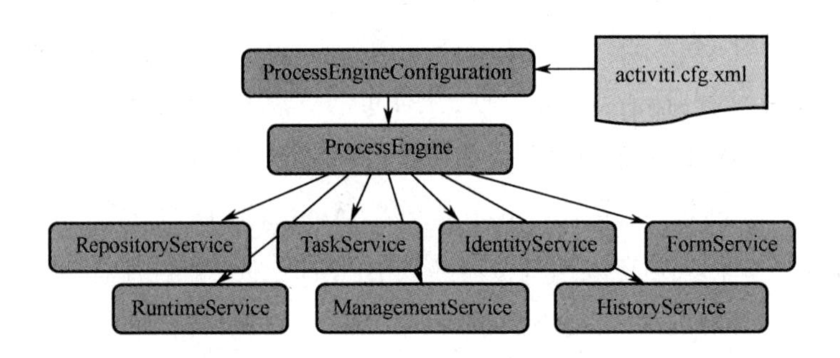

图 2-7 Activiti 系统服务结构

RepositoryService：Activiti 中每一个不同版本的业务流程的定义都需要使用一些定义文件，部署文件和支持数据（例如，BPMN2.0 XML 文件、表单定义文件、流程定义图像文件等），这些文件都存储在 Activiti 内建的 Repository 中。Repository Service 提供了对 repository 的存取服务。

RuntimeService：在 Activiti 中，每当一个流程定义被启动一次之后，都会生成一个相应的流程对象实例。Runtime Service 提供了启动流程、查询流程实例、设置获取流程实例变量等功能。此外，它还提供了对流程部署、流程定义和流程实例的存取服务。

TaskService：在 Activiti 业务流程定义中的每一个执行节点被称为一个

Task，对流程中的数据存取、状态变更等操作均需要在 Task 中完成。Task Service 提供了对用户 Task 和 Form 相关的操作。它提供了运行时任务查询、领取、完成、删除以及变量设置等功能。

IdentityService：Activiti 中内置了用户以及组管理的功能，必须使用这些用户和组的信息才能获取到相应的 Task。Identity Service 提供了对 Activiti 系统中的用户和组的管理功能。

ManagementService：Management Service 提供了对 Activiti 流程引擎的管理和维护功能，这些功能不在工作流驱动的应用程序中使用，主要用于 Activiti 系统的日常维护。

HistoryService: History Service 用于获取正在运行或已经完成的流程实例的信息，与 Runtime Service 中获取的流程信息不同，历史信息包含已经持久化存储的永久信息，并已经被针对查询优化。

FormService: Activiti 中的流程和状态 Task 均可以关联业务相关的数据。通过使用 Form Service 可以存取启动和完成任务所需的表单数据并且根据需要来渲染表单。

2.6.4 Activiti 配置

1. 集成 Activiti 相关包

使用 Maven 引入 Activiti 相关类库。

```
<properties>
    ......
    <activiti.version>5.21.0</activiti.version>
    <batik.vervsion>1.8</batik.vervsion>
</properties>
<dependencies>
    ......
<dependency>
   <groupId>org.activiti</groupId>
   <artifactId>activiti-json-converter</artifactId>
   <version>${activiti.version}</version>
```

```
        <exclusions>
            <exclusion>
                <artifactId>commons-collections</artifactId>
                <groupId>commons-collections</groupId>
            </exclusion>
        </exclusions>
    </dependency>
    <dependency>
        <groupId>org.apache.xmlgraphics</groupId>
        <artifactId>batik-transcoder</artifactId>
        <version>${batik.vervsion}</version>
    </dependency>
    <dependency>
        <groupId>org.apache.xmlgraphics</groupId>
        <artifactId>batik-dom</artifactId>
        <version>${batik.vervsion}</version>
    </dependency>
    <dependency>
        <groupId>org.apache.xmlgraphics</groupId>
        <artifactId>batik-bridge</artifactId>
        <version>${batik.vervsion}</version>
    </dependency>
    <dependency>
        <groupId>org.apache.xmlgraphics</groupId>
        <artifactId>batik-css</artifactId>
        <version>${batik.vervsion}</version>
    </dependency>
    <dependency>
        <groupId>org.apache.xmlgraphics</groupId>
        <artifactId>batik-anim</artifactId>
        <version>${batik.vervsion}</version>
    </dependency>
    <dependency>
        <groupId>org.apache.xmlgraphics</groupId>
        <artifactId>batik-codec</artifactId>
```

```
        <version>${batik.vervsion}</version>
    </dependency>
    <dependency>
        <groupId>org.apache.xmlgraphics</groupId>
        <artifactId>batik-ext</artifactId>
        <version>${batik.vervsion}</version>
    </dependency>
    <dependency>
        <groupId>org.apache.xmlgraphics</groupId>
        <artifactId>batik-gvt</artifactId>
        <version>${batik.vervsion}</version>
    </dependency>
    <dependency>
        <groupId>org.apache.xmlgraphics</groupId>
        <artifactId>batik-script</artifactId>
        <version>${batik.vervsion}</version>
    </dependency>
    <dependency>
        <groupId>org.apache.xmlgraphics</groupId>
        <artifactId>batik-parser</artifactId>
        <version>${batik.vervsion}</version>
    </dependency>
    <dependency>
        <groupId>org.apache.xmlgraphics</groupId>
        <artifactId>batik-svg-dom</artifactId>
        <version>${batik.vervsion}</version>
    </dependency>
    <dependency>
        <groupId>org.apache.xmlgraphics</groupId>
        <artifactId>batik-svggen</artifactId>
        <version>${batik.vervsion}</version>
    </dependency>
    <dependency>
        <groupId>org.apache.xmlgraphics</groupId>
        <artifactId>batik-util</artifactId>
```

```
        <version>${batik.vervsion}</version>
    </dependency>
    <dependency>
        <groupId>org.apache.xmlgraphics</groupId>
        <artifactId>batik-xml</artifactId>
        <version>${batik.vervsion}</version>
    </dependency>
    <dependency>
        <groupId>org.apache.xmlgraphics</groupId>
        <artifactId>batik-js</artifactId>
        <version>${batik.vervsion}</version>
    </dependency>
    <dependency>
        <groupId>org.apache.xmlgraphics</groupId>
        <artifactId>batik-awt-util</artifactId>
        <version>${batik.vervsion}</version>
    </dependency>
    <dependency>
        <groupId>xml-apis</groupId>
        <artifactId>xml-apis-ext</artifactId>
        <version>1.3.04</version>
    </dependency>
    <dependency>
        <groupId>xml-apis</groupId>
        <artifactId>xml-apis</artifactId>
        <version>1.3.04</version>
    </dependency>
    <dependency>
        <groupId>org.apache.xmlgraphics</groupId>
        <artifactId>xmlgraphics-commons</artifactId>
        <version>2.0.1</version>
    </dependency>
         </dependencies>
```

2．在 Spring 中配置 Activiti

启动 Activiti 引擎时，需要配置一系列的参数，告诉 Activiti 以何种方式进行工作，这些可以配置的参数包括数据库配置、事务配置和 Activiti 内置的服务配置等。

ProcessEngineConfiguration 对象代表一个 Activiti 流程引擎的全部配置，该类提供一系列创建 ProcessEngineConfiguration 的静态方法，这些方法用于读取和解析相应的配置文件，并返回 ProcessEngineConfiguration 的实例。当 Activiti 与 Spring 整合时，可以使用子类 org.activiti.spring.SpringProcessEngineConfiguration。在软件实训系统中增加一个单独的配置文件 applicationContext-activiti.xml，主要的配置如下：

```
    <bean id="processEngineConfiguration"
         class="org.activiti.spring.SpringProcessEngineConfigurea
tion">
           <!-- 设置数据库类型、数据源及事务管理器 -->
           <property name="databaseType" value="mysql" />
           <property name="dataSource" ref="dataSource" />
           <property  name="transActionManager"ref="transActionMana
ger" />
           <!-- 设置数据库 schema 的更新方式 -->
           <property name="databaseSchemaUpdate" value="true" />
           <property   name="jpaEntityManagerFactory"ref="entityMan
agerFactory" />
           <property name="jpaHandleTransAction" value="true" />
           <property name="jpaCloseEntityManager" value="true" />
           <!-- 是否启动 jobExecutor -->
           <property name="jobExecutorActivate" value="true" />
           <!-- 设置字体 -->
           <property name="activityFontName" value="微软雅黑"/>
           <property name="labelFontName" value="微软雅黑"/>
           <property name="customSessionFactories">
              <list>
                 <bean class="ysl.web.activiti.YslCustomUser Entity
```

```
ManagerFactory">
                    <property name="userEntityManager" ref="custom
UserEntityManager"/>
                 </bean>
                 <bean class="ysl.web.activiti.YslCustomGroupEntit
yManagerFactory">
                    <property  name="groupEntityManager"ref="  cust
ommGroupEntityManager"/>
                 </bean>
              </list>
           </property>
        </bean>
        <!-- 创建一个流程引擎 bean -->
        <bean id="processEngine" class="org.activiti.spring. Process
EngineFactoryBean" >
           <property name="processEngineConfiguration" ref="process
EngineConfiguration" />
        </bean>
        <!-- 创建 activiti 提供的各种服务 -->
        <!-- 工作流仓储服务 -->
    <bean id="repositoryService" factory-bean="processEngine"
          factory-method="getRepositoryService" />
        <!-- 工作流运行服务 -->
    <bean id="runtimeService" factory-bean="processEngine"
          factory-method="getRuntimeService" />
        <!--  工作流任务服务-->
        <bean id="taskService" factory-bean="processEngine" factory
-method="getTaskService" />
        <!--  工作流历史数据服务-->
    <bean id="historyService" factory-bean="processEngine"
          factory-method="getHistoryService" />
        <!--  工作流管理服务-->
    <bean id="managementService" factory-bean="processEngine"
          factory-method="getManagementService" />
        <bean id="formService" factory-bean="processEngine" factory-
```

```
method="getFormService" />
        <!-- 用户身份服务 -->
    <bean id="IdentityService" factory-bean="processEngine"
          factory-method="getIdentityService" />
```

2.7 DWR 技术[13]

2.7.1 DWR 及其类库

1. DWR 概述

DWR（Direct Web Remoting）是一个用于改善 Web 页面与 Java 类交互的远程服务器端 Ajax（Asynchronous JavaScript and XML，异步的 JavaScript 和 XML）开源框架，可以帮助开发人员开发包含 Ajax 技术的网站。它可以允许在浏览器里的代码使用运行在服务器上的 Java 函数，就像它就在浏览器里一样。它包含两个主要的部分：

（1）允许 JavaScript 从 Web 服务器上一个遵循了 Ajax 原则的 Servlet（小应用程序）中获取数据。

（2）它的 JavaScript 库可以帮助网站开发人员轻松地利用获取的数据来动态改变网页的内容。

软件实训系统中无论是课题设计还是完成任务流程都需要大量的交互，此外，定时任务的信息推送等都要用到 DWR。

DWR 采取了一个类似 Ajax 的新方法来动态生成基于 Java 类的 JavaScript 代码。这样 Web 开发人员就可以在 JavaScript 里使用 Java 代码，就像它们是浏览器的本地代码（客户端代码）一样；但是 Java 代码运行在 Web 服务器端而且可以自由访问 Web 服务器的资源。出于安全的理由，Web 开发者必须适当地配置哪些 Java 类可以安全地被外部使用。

2. 引入 DWR 类库

在项目中使用 DWR 需要引入 DWR 类库。可从 http://directwebremoting.

org/dwr/downloads/index.html 下载最新版本的 jar 包。使用 Maven 引入类库，可按如下方式引入。

```
<properties>
    ……
    <dwr-version>3.0.M1</dwr-version>
</properties>
<dependencies>
<dependency>
    <groupId>org.directwebremoting</groupId>
    <artifactId>dwr</artifactId>
    <version>3.0.M1</version>
</dependency>
</dependencies>
```

2.7.2 DWR 的原理及其配置

使用 DWR 时要在 web.xml 中配置一个 DwrServlet，这个 Servlet 负责把前台的 JavaScript 参数封装成 Java 对象，去调用其 Java 类，然后将返回结果（Java 类型）再翻译成 JavaScript 生成到 JSP 页面上，给你的感觉就是你用 JavaScript 直接调用了 Java 方法。先通过例子加以说明。

（1）在 web.xml 中配置 DwrServlet。

```
<servlet>
        <servlet-name>dwr-invoker</servlet-name>
        <servlet-class>org.directwebremoting.servlet.DwrServlet
</servlet-class>
    <init-param>
        <param-name>debug</param-name>
        <param-value>true</param-value>
    </init-param>
</servlet>
<servlet-mapping>
        <servlet-name>dwr-invoker</servlet-name>
        <url-pattern>/dwr/*</url-pattern>
```

```
</servlet-mapping>
```

（2）新建 Java 类，用于与 DWR 客户端交互，例如：

```
package dwr.Demo;
public class DwrTest {
  public String getHello(String name) {
    return "hello" + name;
  }
  public String getWorld(String name) {
    return "world" + name;
  }
}
```

（3）在 WEB-INF 下建立配置文件 dwr.xml，配置允许 js 调用的 class，例如：

```
<?xml version="1.0" encoding="UTF-8"?>
<!DOCTYPE dwr PUBLIC "-//GetAhead Limited//DTD Direct Web Remoting 3.0//EN" "http://getahead.org/dwr/dwr30.dtd">
<dwr>
     <allow>
       <!-- create 元素中，creater="new"表示每调用一次 DWRUserAccess 时，需要 new 一个这样的类； 这是我配置的一个演示类，Javascript="Demo" ,表示我可以在页面中用 Demo 这个名称指向 DwrTest 这个 Java 类，类中的方法可以在前台调用-->
     <create creator="new" Javascript="Demo">
        <param name="class" value="dwr.Demo"/>
        <!-- 加 include 可以具体指定 Java 类中关的方法，不加则默认允许访问所有公布类的 public 方法， 在我的例子中，为了让大家了解 include 的作用我只允许访问 getHello 方法。-->
        <include method="getHello"/>
    </create>
  </allow>
</dwr>
```

（4）编写测试的 index.jsp 页面，具体代码如下。

```
<%@ page language="Java" import="Java.util.*" pageEncoding ="UTF-8"%>
<%
```

```
        String path = request.getContextPath();
        String basePath=request.getScheme ()+"://"+request. Get
ServerName()+":"+request.getServerPort()+path+"/";
    %>
    <!DOCTYPE HTML PUBLIC "-//W3C//DTD HTML 4.01 Transitional//EN">
    <html>
       <head>
          <title>Dwr Demo</title>
          <!-- dwr config -->
          <!-- jsp 文件中必须引入几个 js,它们都是隐含存在的 -->
          <script type='text/Javascript' src='<%=path%>/dwr/ eng
ine.js'> </script>
          <script type='text/Javascript' src='<%=path%>/dwr/ util.
js'> </script>
          <script type='text/Javascript' src='<%=path%>/dwr/ inter
face/Demo.js'> </script>
          <script type="text/Javascript">
          //此函数中可以调用 Java 类的方法，除了 Java 方法本身的参数外，还要
将回调函数名作为参数传给 Java 方法
          function sayHello(name){
             Demo.getHello(name,dwrHandler);//这里只能使用 dwr.xml 中
暴露的方法
          }
          //这是 dwr 的一个回调函数，data 参数即 Java 方法 getHello(String
name)的返回值
          function dwrHandler(data){
             alert(data);
          }
          </script>
       </head>
       <body>
          <h1>Hello World!</h1>
          <script type="text/Javascript">
             sayHello("DWR");
          </script>
```

```
    </body>
</html>
```

2.7.3 DWR 与 SSH 整合

将 web.xml 里的 DwrServlet 修改为 DwrSpringScrvlct，同时增加用于推送的配置。具体配置如下所示。

```
<servlet>
    <servlet-name>dwr-invoker</servlet-name>
    <servlet-class>org.directwebremoting.spring.DwrSpringServl
et</servlet-class>
    <!-- DWR 默认采用 piggyback 方式 -->
    <!-- 跨域访问 -->
    <init-param>
        <param-name>crossDomainSessionSecurity</param-name>
        <param-value>false</param-value>
    </init-param>
    <!-- 允许脚本远程调用 -->
    <init-param>
         <param-name>allowScriptTagRemoting</param-name>
         <param-value>true</param-value>
    </init-param>
    <!-- 使用 polling 和 comet 的方式 -->
    <init-param>
        <param-name>pollAndCometEnabled</param-name>
        <param-value>true</param-value>
    </init-param>
<!-- comet 方式：开启反转 Ajax 即所谓推技术 -->
<init-param>
       <param-name>activeReverseAjaxEnabled</param-name>
       <param-value>true</param-value>
</init-param>
<!--在 WEB 启动时是否创建范围为 application 的 creator-->
    <init-param>
         <param-name>initApplicationScopeCreatorsAtStartup</p
```

```
aram-name>
            <param-value>true</param-value>
         </init-param>
         <!-- polling 方式：在 comet 方式的基础之上，再配置以下参数 -->
       <init-param>
          <param-name>org.directwebremoting.extend.ServerLoadMonI
tor</param-name>
          <param-value>org.directwebremoting.impl.PollingServerLo
adMonitor
          </param-value>
        </init-param>
        <!-- polling 方式：毫秒数。页面默认的请求间隔时间是 5 秒 -->
     <init-param>
          <param-name>disconnectedTime</param-name>
          <param-value>60000</param-value>
     </init-param>
          <!-- 调试 -->
          <init-param>
              <param-name>debug</param-name>
              <param-value>true</param-value>
          </init-param>
          <!-- 日志级别 -->
          <init-param>
             <param-name>logLevel</param-name>
             <param-value>ERROR</param-value>
          </init-param>
          <load-on-startup>4</load-on-startup>
     </servlet>
     <servlet-mapping>
         <servlet-name>dwr-invoker</servlet-name>
         <url-pattern>/dwr/*</url-pattern>
     </servlet-mapping>
```

在 Spring 配置文件中增加 <dwr:annotation-scan scanDataTransferObject="true" scanRemoteProxy="true" base-package="ysl"/>，然后使用标注配置方案：

@RemoteProxy 标注告诉 DWR，这个 Class 是我们想暴露出来的。

@RemoteMethod 标注告诉 DWR 去暴露这个指定的方法，只有加了 RemoteMethod 标注的方法会被暴露，其他的不会。

@DataTransferObject 标注数据类，自己进行 Java 类与 JSON 转换。

@RemoteProperty 标注哪些属性被转换。

例如：

```
@RemoteProxy
public class SxTaskAction extends YslFileAction {
    @RemoteMethod
    public Map<String, Object> willAllocation(Integer id, String
taskId) throws Exception{
    }
}
@DataTransferObject
@Entity
@Table(name = "sx_taskresult")
public class SxTaskResult implements Serializable, Comparable
<SxTaskResult> {
    @RemoteProperty
    private Integer id;
    ......
}
```

参 考 文 献

[1] Maven 入门[EB/OL]. [2016-09-19]. http://www.2cto.com/kf/201609/549428.html.

[2] Apache Maven Project[EB/OL]. [2016-09-25]. http://maven.apache.org/.

[3] 杨树林，胡洁萍. Java Web 应用技术与案例教程[M]. 北京：人民邮电出版社，2011.

[4] 杨树林，胡洁萍. Java EE 企业级架构开发技术与案例教程[M]. 北京：机械工业出版社，2011.

[5] 杨树林，胡洁萍.依赖容器的声明式事务管理策略[J].北京印刷学院学报，2009，17 (2):

61- 64.

[6] 冯曼非. EJB JPA 数据库持久化层开发实践详解[M].北京：电子工业出版社，2008.

[7] Hibernate & JPA Tutorial:Flexible Persistence for Java EE Applications[EB/ OL]. [2012-06-16].http://courses.coreservlets.com/Course-Materials/hibernate.html.

[8] Spring Data JPA - Reference Documentation[EB/OL].[2012-08-04]. http://static. Springsource.org/spring-data/data-jpa/docs/current/reference/html.

[9] Spring Security 学习总结[EB/OL].[2015/10/15]. http://my.oschina. net/u/1540325/ blog/517481.

[10] 徐亦楠，葛志辉，潘海源.Activiti5 工作流在 OA 系统中的应用[J].大众科技，2014(1)：5-7.

[11] Activiti[EB/OL].[2016-09-25]. http://www.activiti.org.

[12] 杨恩雄.疯狂 Workflow 讲义:基于 Activiti 的工作流应用开方[M].北京：电子工业出版社，2014.

[13] DWR 搭建以及使用教程[EB/OL].[2012-05-30].http://www.open-open.com/lib/view/ open1338338726417.html.

第3章

软件实训系统总体设计

本章主要介绍软件实训系统的设计目标和原则，功能结构与数据结构，系统技术路线与架构设计，以及领域模型设计。

3.1 系统设计目标和原则

3.1.1 系统设计目标

本系统是针对软件技术类课程所设计的一个实训支撑平台，主要用于对课程实验、大作业、课程设计、综合实训等实践教学活动及学生的自主实践进行辅助、支持和管理，目的在于借助计算机及网络的优势，实现信息的快速传递、实践教学的教学设计，实践任务的驱动管理，实践过程的有效引导，实践作品的全面展示、实践活动的辅助和支持，实践过程的互动交流，实践教学的统一管理，从而提高实践的教学质量及效率。软件实训平台的建设应将辅助学生自主的实践活动与教师创造性的实践教学设计结合起来，体现辅助性、引导性、训练性、差异性、自主性、互动性、可控性。

1．辅助性

软件实训平台的根本是辅助软件技术类课程的实践教学，因此，要与课程教学相适应，所设计的功能要满足教师和学生的双重需要。利用此平台，教师能够方便设计实践教学内容、安排教学过程、发布动态信息，提供实践资料，共享开发环境，部署实践任务，考核实践环节；学生可以方便地获取资料，得到实践过程引导，交流开发经验，解决实践中的问题，上传实践作品等。

2. 引导性

利用网络的优势，软件实训平台突出了对实践过程的引导，即通过对设计过程的引导，提高学生的设计能力，提高实践任务完成的成功率。为此，要根据培养目标、教学大纲的要求，选择最有代表性的实验题目。通过这些实验题目能够促进学生对知识的理解，掌握重点知识，学会主要应用。要根据知识的组织结构，分析每部分知识的重点，设计典型的、带有综合性的实验题目。发挥典型案例指导作用，尽量设计与课堂上的典型案例相接近的实验题目。例如，课堂上不是简单地讲解知识，而是围绕案例教授知识，如课堂上讲授了“学生管理系统”，实验时学生做“图书管理系统”，学生的实验不是简单地重复课堂案例，而是参考课堂案例进行实验，从而提高实验的完成率，也提高了学生的设计能力。

3. 训练性

要以项目驱动为导向，对软件设计的过程进行支持。项目驱动式教学模式是案例教学模式的拓展和延伸，是将教学过程和具体的工程项目充分地融为一体，围绕具体的工程项目构建教学内容体系，组织实施教学，提高教学的针对性和实效性。课堂教学要实施案例教学强化学生对知识的应用，强调要从项目出发设计教学案例，而不是围绕知识设计案例，案例之间的联系性要大，对学生能力的培养更有价值；实践环节强调以项目驱动指导实践过程；综合训练环节，强化与企业联系，强调体现企业要求，培养团体意识，培养从业素质，引导创新实践。

4. 差异性

在实验中要鼓励有能力的学生进一步工作。在实验内容中引入了扩展实验，以鼓励那些有能力的学生积极进取，体现了因材施教的原则。同时鼓励好的学生辅导进度慢的学生，以达到相互提高的目的。

5. 自主性

系统要对学生自主的实践活动给予支持，学生可以不受地点和时间的限制，自主开展实践活动。为此，允许学生自我根据实践任务的要求，在平台的辅助下完成实践任务。平台要提供多方面的辅助支持学生的自主实践。例如，让学生可以很方便地知道实践任务的要求，获取实践文字、视频的指导，下载实践环境，学习已有的学生作品案例，及时得到问题帮助，可以自主选择实践任务的等级。

6. 互动性

实训平台要提供师生互动交流的功能，问题答疑帮助学生及时解决实践中的问题，技术论坛提供学生交流技术的场所，作品交流提供保留、展示学生作品的园地。

7. 可控性

实践环节的监控难度大，软件实训平台通过提供实践签到、实践任务控制、实践环节考核、实践教学问卷等，强化实践教学管理，提高实践环节的可控性。

3.1.2 总体设计原则

软件实训系统的设计充分考虑软件类课程教学的需要，并着眼长远发展。在实施策略上根据实际需要及逐步扩展，保证系统应用的完整性和用户投资的有效性和延续性。我们将遵循以下设计原则。

1. 先进性和实用性兼备

系统设计体现先进性，选择当前的主流技术路线，保持使平台具有较长的生命周期，同时必须兼顾实用性，具体要从以下几个方面考虑。

- 系统体系结构的先进性：遵循先进的具有生命力的规范，并采用当今的主流产品和技术，比如 JavaEE、XML 等技术。
- 保持技术水平和产品选择的先进性，同时考虑选用的技术和产品要稳定。例如，中间件、操作系统和数据库管理系统。

- 应用设计的先进性，采用面向对象的分析和设计方法、组件化技术，同时考虑界面的友好程度，实现的难易程度。

2. 开放灵活性原则

开放灵活性要求系统具有可扩展能力、良好的可移植能力、对变化的适应能力和可维护能力，具体从以下几个方面考虑：

- 体系结构的开放性，整体结构具有很好的层次化设计，各层之间有明确的接口，各层之间有明确的规范；软件产品选择的开放性：要选用成熟的软件产品，并具有多种与其他产品结合的能力；技术路线的开放性：选择大多数厂商、主流产品均支持的技术路线,而不要绑死在固定的平台；应用设计的开放性：在应用设计上注重开放性，组件之间的可配置程度要好。
- 业务和技术都是不断变化的，可扩展性原则要求架构在一定范围内支持业务的变化，并能够适应新技术的要求。
- 数据量增长时具有良好的扩展性，用户增长时具有良好的扩展性，应用系统增加时具有良好的扩展性。

3. 规范标准性原则

系统的设计应该遵循通用和专业的标准和规范，体现在如下几个方面：

- 软件项目开发过程遵循软件工程项目过程管理的标准和规范；
- 设计和开发文档规范、统一。

4. 稳定性原则

总体体系架构应该在一定时期内保持相对稳定。稳定性是评价体系架构的一个重要指标。保持系统稳定性的一个基本方法就是分离业务和框架，在设计本系统时，应充分利用这一方法，首先建立一个基础平台，在基础平台上构造相关的业务系统。

5. 界面友好原则

本系统的应用界面既有为一般外部用户使用的网页，也有为内部业务人员使用的业务审核和业务操作界面，对不同的用户要设计不同的用户界面风格，以适应不同的使用需求。具体界面设计原则：

- 主题突出，站点定义、术语和行文格式统一、规范、明确，栏目、菜单设置和布局合理，传递的信息准确、及时；内容丰富，文字准确，语句通顺；专用术语规范，行文格式统一规范。
- 页面具有明确的导航指示，且便于理解，方便用户使用。
- 页面大小适当，能用各种常用浏览器以不同分辨率浏览；无错误链接和空链接；采用 CSS 处理，控制字体大小和版面布局。
- 界面、版面形象清新悦目、布局合理，字号大小适宜、字体选择合理，前后一致，美观大方；色彩和谐自然，与主题内容相协调。

6. 安全性原则

系统有严格的权限管理功能，各功能模块需有相应的权限方能进入。系统需能够防止各类误操作可能造成的数据丢失、破坏，防止用户非法获取网页以及内容。

3.2 功能结构与数据结构

3.2.1 系统功能分析

实训系统软件应具备以下功能。

1. 教学设计功能

系统能提供实践课堂（实践目的、意义、要求、环境、步骤提示等）、典型案例、实践过程及引导等维护和设计环境，使教师能够动态设计实践教学。

2. 信息维护功能

通过提供动态信息发布和维护平台，能够维护系统公告、实践公告、教学动态等，指导学生实践。

3. 过程引导功能

过程多种形式、多角度引导环境，引导学生实践。例如，展示实验要求、实践步骤、操作演示、运行效果、设计要点、知识索引、常见问题解决等，引导学生实践。

4. 任务驱动功能

提供任务驱动功能，教师可发布计时任务、分步任务、监控任务进展状态，学生可上传任务成果。团队可采用工作流的方式管理任务过程。

5. 跟踪与考评功能

提供签到、评价与考核、问卷反馈的支持，可动态发布管理签到、点名，维护测试问题及设计问卷，统计测试和问卷结果。

6. 辅助支持功能

提供参考资料、文献下载、开发环境下载、作品案例等辅助性支持。

7. 交流支持功能

提供问题答疑、讨论交流、文章发表、作品上传等交互功能。

8. 管理功能

提供动态管理用户、文章、文档及作业任务、实践成绩等功能。

9. 角色支持功能

根据不同用户的权限提供不同的信息处理权，根据不同的用户要求划分出不同的角色，再为不同的角色确定不同的使用权限。

3.2.2 功能结构设计

整个系统分前台功能和后台管理功能。后台管理功能分系统管理功能和教学管理功能。系统的后台功能结构如图 3-1 所示。

1. 系统管理功能

开始使用系统，首先要建立工作流模型，设置接口，设置界面信息，设置超级用户信息，建立课程，管理角色，建立主要用户组和用户。系统管理界面如图 3-2 所示。

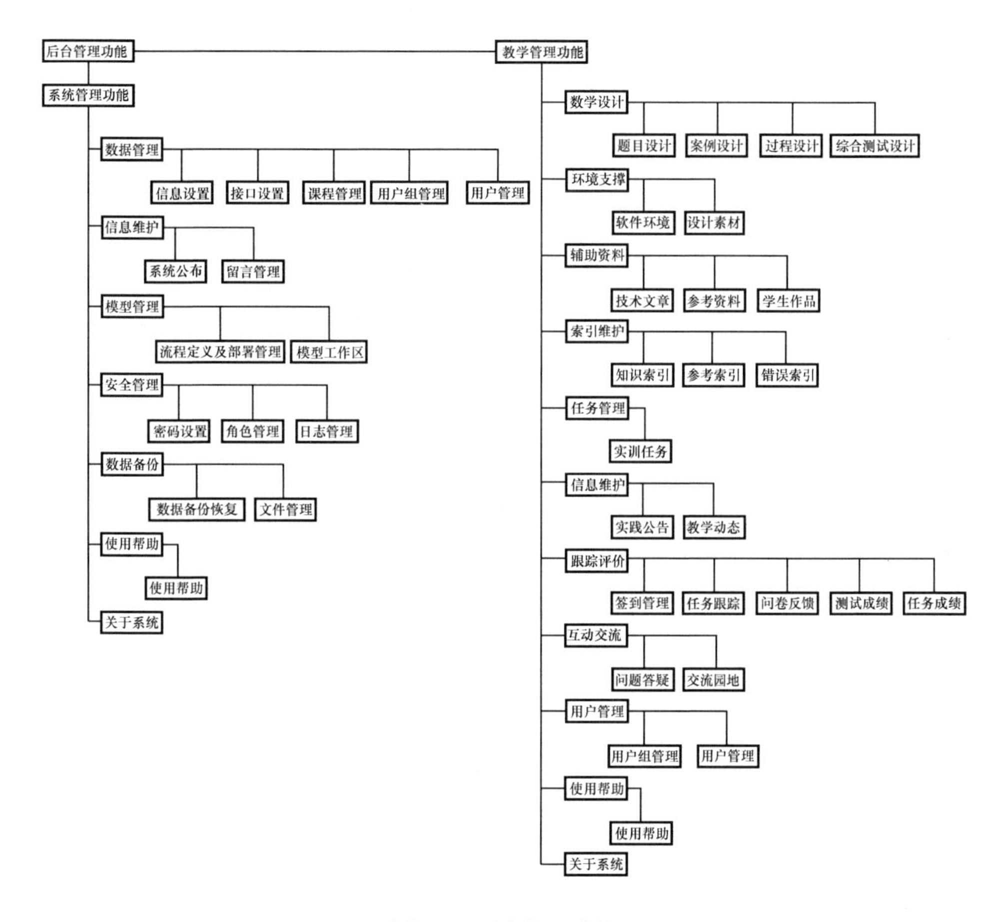

图 3-1　后台管理功能

1）数据管理

数据管理主要涉及信息设置、接口设置、课程管理、用户组管理、用户管理等功能。

- 信息设置：用于设置主界面上的资讯或通知信息。
- 接口设置：用于设置用于导入课程和用户的地址。
- 课程管理：用于浏览、添加、导入、修改、删除课程。

- 用户组管理：用于按层次浏览、添加、修改、删除用户组。
- 用户管理：用于浏览、添加、导入、修改、删除用户。

图 3-2　系统管理界面

2）信息维护

信息维护主要涉及系统公告和留言管理。

3）模型管理

模型管理主要涉及流程定义及部署管理和模型设计（模型工作区）。

- 流程定义及部署管理：用于浏览流程、部署流程、挂起流程、删除流程，或将流程转化为模型。
- 模型工作区：用于编辑模型、部署模型、导出模型或删除模型。

4）安全管理

安全管理主要涉及超级用户的密码设置、系统角色管理以及日志管理。

- 密码设置：超级用户有权使用该功能，用于设置密码。
- 系统角色管理：可以添加角色，修改角色，删除角色或为角色授权。默认的角色有 5 种：超级用户、开放大学教师、地方教师、学生及游客。

- 日志管理：超级用户有权使用该功能，主要用于检测用户对系统功能的使用情况。

5）数据备份

- 数据备份/回复：用于将数据库数据备份到服务器站点中的 databack 目录下，或备份到本地。备份到本地时，压缩成 zip 文件。
- 文件管理：可以浏览系统工作文件夹，下载或删除文件。下载目录时，自动压缩下载。

2. 教学管理功能

在系统首页以教师身份登录可以使用教学管理功能。教学管理界面如图 3-3 所示。

图 3-3　教学管理功能界面

1）教学设计

教学设计功能提供对实践题目、实践案例的设计和维护，并能够对实践过程进行引导和提示、对实践环节测试问题进行设计与维护。

- 题目设计：用于浏览、添加、查询、修改、删除、显示题目。

- 案例设计：用于浏览、添加、查询、修改、删除、显示案例。
- 过程设计：用于对题目的“知识要点”、“常见错误”、“相关参考”、“过程引导”等进行设计。
- 综合测试设计：用于对综合测试题进行浏览、添加、修改和删除。

2）环境支持

提供对软件开发环境、设计素材等的动态上传、下载及维护功能。

3）辅助资料

提供对技术文章、参考资料、学生作品的管理与维护功能。

4）索引维护

提供对知识索引、参考索引、问题索引等的维护功能。

5）任务管理

提供对任务的管理、维护和发布功能。

6）信息维护

提供对实践公告、教学动态的管理和维护功能。使用方法类似辅助资料中的技术文章。

7）跟踪评价

签到管理：对学生的签到进行管理。

- 任务跟踪：用于可以查询、跟踪任务。
- 问卷反馈：用于对问卷题进行浏览、添加、修改和删除，以及显示问卷统计结果。
- 测试成绩：用于对测试成绩进行管理。
- 任务成绩；用于对任务成绩进行管理。

8）互动交流

提供对问题答疑、讨论交流功能。

9）用户管理

可以进行用户组管理和用户管理，类似于系统管理中的相应功能。但只能管理所在组的下一级的组和用户。

3. 系统前台功能

前台功能的结构如图 3-4 所示。

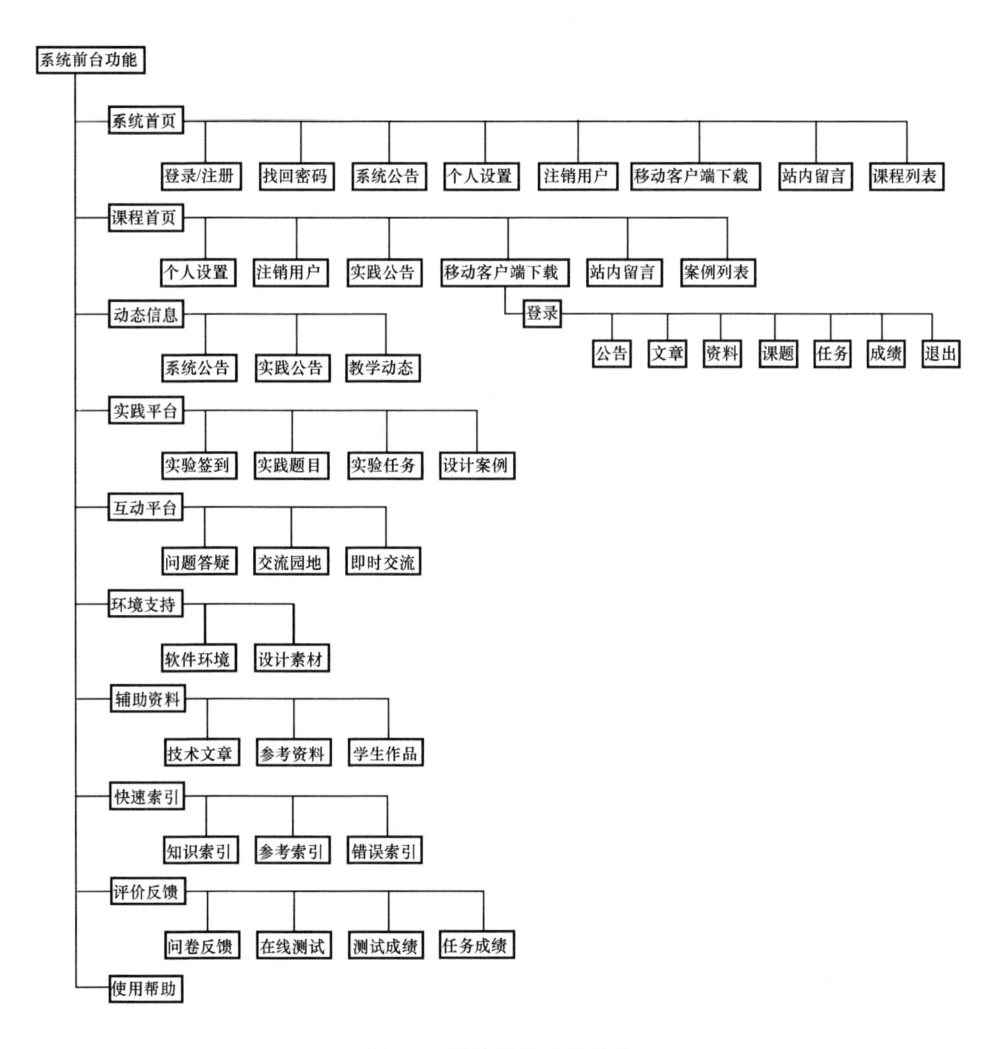

图 3-4　系统前台功能结构

1）系统首页

系统首页是系统的入口，如图 3-5 所示。在系统首页，用户可以注册，可以登录，可以查看系统公告。登录时，如果忘记密码可以找回密码。登录后，可以进入课程，进入站内留言，可以进行个人设置，也可以注销用户。在系统首页，用户可以查看动态信息、系统公告以及使用帮助。

图 3-5 系统首页

2）课程首页

在系统首页登录后，单击中间区域的课程名称，即可进入课程，如图 3-6 所示。在课程首页可浏览案例列表、实践公告。单击案例的标题查看案例。在课程首页，不能使用后台管理，不能查看系统公告。

3）动态信息

- 系统公告：浏览系统公告标题，查询公告，单击公告标题查看公告内容。
- 实践公告：浏览实践公告标题，查询公告，单击公告标题查看公告内容。
- 教学动态：浏览教学动态标题，查询教学动态，单击动态标题可以查看内容。

4）实践平台

- 实验签到：显示签到的时间，提供签到功能，显示签到状态。
- 实践题目：浏览、查询、查看实践题目。单击实践题目标题查看实践题目。提供两种显示方式：分项显示和单页显示。

- 实验任务：呈现与当前登录学生相关的实践任务，引导学生按任务流程完成任务。
- 设计案例：浏览、查询、查看设计案例。单击设计案例标题查看设计案例。

图 3-6　课程首页

5）互动平台

- 问题答疑：查询已有的问题，可以发出提问，回答问题。
- 交流园地：提供论坛交流功能。
- 即时交流：提供即时的交流功能。

6）环境支持

- 软件环境：浏览、查询、下载软件。
- 设计素材：浏览、查询、下载设计素材。

7）辅助资料

- 技术文章：可以浏览、发表、查询、查看技术文章。

- 参考资料：可以浏览、上传、查询、下载参考资料。
- 学生作品：可以浏览、上传、查询、下载学生作品。

8）快速索引

- 知识索引：可以浏览、查询、查看相关知识。
- 参考索引：可以浏览、查询、查看相关参考。
- 错误索引：可以浏览、查询、查看常见错误。

9）评价反馈

- 问卷反馈：可以回答问卷、查看问卷的统计情况。
- 在线测试：可以解答测试问题，提交后系统自动评判成绩，记录成绩并反馈给学生。
- 测试成绩：可以查看综合测试成绩。
- 任务成绩：可以查看任务测试成绩。

3.2.3 数据结构设计

根据系统的功能，可得出本系统所需要的数据表清单，如表 3-1 所示。

表 3-1 数据表清单

序号	数据库表	数据库表名称
1	ysl_type	资源类型表
2	ysl_datagroup	数据组表（课程）
3	ysl_usergroup	用户组表
4	ysl_user	用户基表
5	ysl_role	角色表
6	ysl_authority	权限表
7	ysl_role_authority	角色权限表
8	ysl_user_role	用户角色表
9	ysl_log	日志表
10	sx_user	用户表
11	sx_topic	实训题目表
12	sx_prochelp	过程辅助表
13	sx_processtips	步骤提示表

（续表）

序号	数据库表	数据库表名称
14	sx_knowlege	知识索引表
15	sx_reference	参考索引表
16	sx_error	错误索引表
17	sx_casc	实训案例表
18	sx_work	实训任务表
19	sx_work_topic	任务与题目关联表
20	sx_task	运行中任务表
21	sx_taskresult	任务成果表
22	sx_taskscore	任务成绩表
23	sx_test	测试题表
24	sx_testscore	测试成绩表
25	sx_signin	签到表
26	sx_sigininanswer	签到回答表
27	sx_resources	资源表
28	sx_borad	论坛版块表
29	sx_message	论坛信息表
30	sx_leaveword	留言表
31	sx_questionnaire	问卷表
32	act_ge_bytearray	二进制数据表
33	act_ge_property	属性数据表
34	act_hi_actinst	历史节点表
35	act_hi_attachment	历史附件表
36	act_hi_comment	历史意见表
37	act_hi_identitylink	历史流程人员表
38	act_hi_detail	历史详情表，提供历史变量的查询
39	act_hi_procinst	历史流程实例表
40	act_hi_taskinst	历史任务实例表
41	act_hi_varinst	历史变量表
42	act_id_group	用户组信息表
43	act_id_info	用户扩展信息表
44	act_id_membership	用户与用户组对应信息表
45	act_id_user	用户信息表
46	act_re_deployment	部署信息表
47	act_re_model	流程设计模型部署表

（续表）

序号	数据库表	数据库表名称
48	act_re_procdef	流程定义数据表
49	act_ru_event_subscr	throwEvent、catchEvent 时间监听信息表
50	act_ru_execution	运行时流程执行实例表
51	act_ru_identitylink	运行时流程人员表
52	act_ru_job	运行时定时任务数据表
53	act_ru_task	运行时任务节点表
54	act_ru_variable	运行时流程变量数据表

act_开头的数据表是 Activiti 所生成的数据表，关于这些数据表，请查考 Activiti 官方技术文档。这里只给出自定义的一些主要的数据表。

资源类型表如表 3-2 所示。

表 3-2　资源类型表（ysl_type）

字段名	字段类型	意义	备注
type_id	varchar（50）	类型 ID	主键
type_infoType	Varchar（50）	数据种类	article|file
type_name	varchar（50）	类型名称	
type_pid	varchar（50）	父 ID	外键

数据组表如表 3-3 所示。

表 3-3　数据组表（ysl_datagroup）

字段名	字段类型	意义	备注
group_id	varchar（50）	类型 ID	主键
group_name	varchar（255）	类型名称	

用户组表如表 3-4 所示。

表 3-4　用户组表（ysl_usergroup）

字段名	字段类型	意义	备注
group_id	varchar（50）	类型 ID	主键
group_name	Varchar（255）	类型名称	
parentId	varchar（50）		外键

用户基表如表 3-5 所示。

表 3-5　用户基表(ysl_user)

字段名	字段类型	意义	备注
user_id	int	用户 ID	主键，自增
user_no	int	角色 ID	外键
user_name	varchar（50）	用户登录名	
user_pwd	Varchar（50）	用户密码	
user_rname	varchar（50）	用户姓名	
user_datetime	timestamp	注册时间	
user_loginNum	int	登录次数	
dgroup_id	Varchar（50）	数据组号	外键
ugroup_id	varchar（50）	用户组号	外键

用户角色表如表 3-6 所示。

表 3-6　用户角色表（ysl_role）

字段名	字段类型	意义	备注
role_id	int	角色 ID	主键，自增
role_name	varchar（30）	角色名	
role_key	Varchar（30）	键名	
role_inheritable	bit（1）	是否可以继承	
role_leve	int	级别	

权限表如表 3-7 所示。

表 3-7　权限表（ysl_authority）

字段名	字段类型	意义	备注
auth_id	varchar（50）	权限 ID	主键，非空
auth_name	Varchar（50）	权限名	
auth_parent	varchar（50）	父 ID	
res_url	Varchar（254）	资源地址	

角色权限表如表 3-8 所示。

表 3-8　角色权限表（ysl_role_authority）

字段名	字段类型	意义	备注
role_id	Int	角色 ID	
auth_id	varchar（50）	权限 ID	

用户角色表如表 3-9 所示。

表 3-9　用户角色表（ysl_user_role）

字段名	字段类型	意义	备注
user_id	int	用户 ID	
role_id	int	角色 ID	

日志表如表 3-10 所示。

表 3-10　日志表（ysl_log）

字段名	字段类型	意义	备注
log_id	int	日志 ID	主键，自增
user_name	varchar（50）	用户名	
mes	Text	操作信息	
log_createTime	Varchar（50）	时间	
ip	varchar（50）	IP 地址	

用户表如表 3-11 所示。

表 3-11　用户表(sx_user)

字段名	字段类型	意义	备注
user_id	int	用户 ID	主键
user_email	varchar（254）	邮件	
user_isSet	Int	是否设置	
user_phone	varchar（50）	电话	

实训题目表如表 3-12 所示。

表 3-12　实训题目表（sx_topic）

字段名	字段类型	意义	备注
id	int	ID	主键，非空
title	varchar（254）	标题	
type_id	Varchar（50）	类型	外键
createTime	varchar（20）	创建时间	
user_id	Int	用户 ID	
user_userNo	varchar（50）	学号	
user_userName	Varchar（50）	用户名	

（续表）

字段名	字段类型	意义	备注
user_userRName	varchar（50）	真实名	
topic_desc	text	简介	
topic_goal	test	目的	
topic_condition	text	实验环境	
topic_require	text	基本要求	
topic_ extrequire	text	扩展要求	
topic_materialFile	varchar（254）	素材文件名	
topic_rcMaterialFile	varchar（254）	素材原文件名	
ugroup_id	varchar（50）	用户组 ID	
dgroup_id	varchar（50）	数组组 ID	
prochelp_id	int	用于和过程辅助一对一关联	

过程辅助表如表 3-13 所示。

表 3-13　过程辅助表（sx_prochelp）

字段名	字段类型	意义	备注
prochelp_id	int	ID	非空

步骤提示表如表 3-14 所示。

表 3-14　步骤提示表（sx_processtips）

字段名	字段类型	意义	备注
process_id	int	ID	主键，自增
process _content	text	设计提示	
process_note	text	注意事项	
process_picture	text	界面视图	
process_videoFile	varchar（254）	操作演示视频	
prochelp_id	int	过程辅助 ID	外键

知识索引表如表 3-15 所示。

表 3-15　知识索引表（sx_knowlege）

字段名	字段类型	意义	备注
knowlege_id	int	ID	主键，自增
knowlege _title	varchar（254）	标题	

（续表）

字段名	字段类型	意义	备注
knowlege _content	text	内容	
dgroup_id	varchar（50）	数据组 ID	外键
prochelp_id	Int	过程辅助 ID	外键

参考索引表如表 3-16 所示。

表 3-16　参考索引表（sx_reference）

字段名	字段类型	意义	备注
Refer ence_id	int	ID	主键，自增
reference _title	varchar（254）	标题	
reference _content	text	内容	
dgroup_id	varchar(50)	数据组 ID	外键
prochelp_id	int	过程辅助 ID	外键

错误索引表如表 3-17 所示。

表 3-17　错误索引表（sx_error）

字段名	字段类型	意义	备注
error_id	int	ID	主键，自增
Error_title	varchar(254)	标题	
error_content	text	内容	
dgroup_id	varchar(50)	数据组 ID	外键
prochelp_id	int	过程辅助 ID	外键

实训案例表如表 3-18 所示。

表 3-18　实训案例表（sx_case）

字段名	字段类型	意义	备注
id	int	ID	主键，非空
title	varchar（254）	标题	
type_id	Varchar（50）	类型	外键
createTime	varchar（20）	创建时间	
user_id	Int	用户 ID	
user_userNo	Varchar（50）	学号	

（续表）

字段名	字段类型	意义	备注
user_userName	varchar（50）	用户名	
user_userRName	Varchar（50）	真实名	
case_desc	Text	简介	
case _condition	Text	运行环境	
case_technology	Text	技术要点	
topic_materialFile	varchar（254）	素材文件名	
topic_rcMaterialFile	Varchar（254）	素材原文件名	
dgroup_id	varchar（50）	数据组 ID	外键

任务表如表 3-19 所示。

表 3-19　任务表（sx_work）

字段名	字段类型	意义	备注
id	int	ID	主键，非空
title	varchar（254）	标题	
type_id	varchar（50）	类型	外键
createTime	varchar（20）	创建时间	
user_id	Int	用户 ID	
user_userNo	Varchar（50）	学号	
user_userName	varchar（50）	用户名	
user_userRName	Varchar（50）	真实名	
work_content	Text	内容	
work_publicTime	varchar（20）	发布时间	
work_state	int	发布状态	
work_id	int	任务	
work_subtype	int	任务类型	
work_topictype	int	题目类型	
work_timeUnit	int	时间单位	
work_answerTimeNum	int	解答时长	
work_pid	int	父 ID	
dgroup_id	varchar（50）	用户组 ID	外键
dgroup_id	varchar（50）	数据组 ID	外键

任务题目表如表 3-20 所示。

表 3-20　任务题目表（sx_work_topic）

字段名	字段类型	意义	备注
work_id	int	任务 ID	非空
topic_id	int	题目 ID	非空

运行中任务表如表 3-21 所示。

表 3-21　运行中任务表（sx_task）

字段名	字段类型	意义	备注
id	int	ID	主键，非空
title	varchar（254）	标题	
type_id	Varchar（50）	类型	外键
createTime	varchar（20）	创建时间	
user_id	Int	用户 ID	
user_userNo	Varchar（50）	学号	
user_userName	varchar（50）	用户名	
user_userRName	varchar（50）	真实名	
task_isAssign	Bit	是否分配	
task_outtimenum	Int	超时次数	
task_startTime	varchar（20）	开始时间	
task_endTime	Varchar（20）	开始时间	
work_id	Int	任务	外键
task_topicIndex	Int	题目索引	
dgroup_id	varchar（50）	数据组 ID	外键

任务成果表如表 3-22 所示。

表 3-22　任务成果表（sx_taskResult）

字段名	字段类型	意义	备注
result_id	int	ID	主键，自增
user_id	int	用户 ID	
user_userNo	varchar（50）	学号	
user_name	Varchar（50）	用户名	
user_userRName	varchar（50）	真实名	
result_appraise	Int	评语	
result_key	varchar（255）	MAP 键	
result_appraiseTime	Varchar（20）	评价时间	
result_answer	Text	文字解答	

（续表）

字段名	字段类型	意义	备注
result_taskTitle	varchar（255）	任务标题	
result_content	Text	任务内容	
result_tid	Int	任务 ID	
result_filename	varchar（255）	成果文件	
result_srcFilename	Varchar（255）	成果原文件	
result_fileType	varchar（255）	文件类型	
result_fileSize	Varchar（50）	文件大小	
result_posttime	varchar（50）	提交时间	

3.3 系统技术路线与架构设计

3.3.1 系统技术路线

根据系统设计的要求，系统开发采用如下技术路线。

（1）采用国际、国内先进、成熟、实用的技术标准。注重采用成熟的软件技术，严格遵循技术规范，采用开放式架构设计，充分考虑系统的各种兼容性问题；

（2）本系统基于 B/S 模式，采用 Java EE 技术开发，并使用 SSHJ（Struts2+Spring+Hibenrtae JPA）技术架构，系统分为视图层、控制层、业务逻辑层和数据访问层。

（3）系统后台数据库采用 MySQL 数据库。

（4）软件结构合理，系统运行稳定，维护升级方便，具有良好的可扩展性。

（5）系统开发过程中，要遵循行业相关标准及本工程标准。

（6）基于多种导航机制，使功能访问方便灵活，结构框架具有通用性。

（7）基于 XML 的元数据描述方法，便于系统功能组织和数据维护。

（8）采用 Spring Secruity 设计实现角色权限管理。

（9）基于 Activiti 工作流技术实现实训任务工作流设计和管理。

3.3.2 系统架构设计

1. 分层架构与 MVC 结合

在传统的系统设计中，将数据库的访问、业务逻辑及可视元素等代码混杂在一起，这样虽然直观，但是代码可读性差，耦合度高，也为日后的维护和重构带来了不便。为了解决这个问题，人们也提出了分层架构思想，即将各个功能分开，放在独立的层中，各层之间通过协作来完成整体功能。分层架构设计容易达到如下目的：分散关注，松散耦合，逻辑复用，标准定义[1]。

在 Java Web 应用系统开发中，比较流行三层结构（不包括后台数据库），是将系统分为表现层、业务逻辑层和数据访问层。

表示层——位于最外层（最上层），离用户最近。用于显示数据和接收用户输入的数据，为用户提供一种交互式操作的界面。对流入的数据的正确性和有效性负责，对呈现样式负责，对呈现友好的错误信息负责。

业务逻辑层——它处于数据访问层与表示层中间，在数据交换中到了承上启下的作用。由于层是一种弱耦合结构，层与层之间的依赖是向下的，底层对于上层而言是“无知”的，改变上层的设计对于其调用的底层而言没有任何影响。如果在分层设计时，遵循了面向接口设计的思想，那么这种向下的依赖也应该是一种弱依赖关系。因而在不改变接口定义的前提下，理想的分层式架构，应该是一个支持可抽取、可替换的“抽屉”式架构。正因为如此，业务逻辑层的设计对于一个支持可扩展的架构尤为关键，因为它扮演了两个不同的角色。对于数据访问层而言，它是调用者；对于表示层而言，它却是被调用者。依赖与被依赖的关系都纠结在业务逻辑层上。它负责系统领域业务的处理，负责逻辑性数据的生成、处理及转换。

数据访问层——有时候也称为是持久化层，其功能主要是负责数据库的访问，可以访问数据库系统、二进制文件、文本文档或是 XML 文档。简单地说就是实现对数据表的 Select、Insert、Update、Delete 的操作。如果要加入 ORM（Object Relation Mapping）的元素，那么就会包括对象和数据表之间的 Mapping

（映射），以及对象实体的持久化。对数据的正确性和可用性不负责，对数据的用途不了解，不负担任何业务逻辑。

MVC 思想将一个应用分成了 Model（模型）、View（视图）、Control（控制）三个部分。三个部分以最少的耦合协同工作，从而提高应用的可扩展性和维护性。其中，模型实现系统中的业务逻辑，通常可以用 JavaBean 或 EJB 来实现。视图用于与用户的交互，通常用 JSP 或 JSF 来实现。控制是 Model 与 View 之间沟通的桥梁，它可以分派用户的请求并选择恰当的视图以用于显示，同时它也可以解释用户的输入并将它们映射为模型层可执行的操作。按这种模式设计程序，多个视图可以对应一个模型，模型返回的数据与显示逻辑分离，程序结构清晰，易于维护。

在前述的三层结构中，业务逻辑层起到了关键的作用，它隔离了表示层和数据访问层，使系统易于维护和扩充。但是，这样的分层结构还没有解决表示层的问题。在表示层中，处理用户的请求、调用业务功能、显示界面等还混合在一起，JSP 中还经常嵌入 Java 代码，使这部分代码难以重用，尤其是程序的结构不清晰。为此结合 MVC 模式，可以将三层架构中的表现层进一步划分为视图层和控制层，使得页面与控制逻辑分离，程序结构清晰，便于重用和维护。具体对应关系如图 3-7 所示。

按上述分析，最终系统按四层结构设计，即视图层、控制层、业务逻辑层和数据访问层。

2. 软件实训系统技术架构方案

SSHJ 为 Struts+Spring+Hibernate JPA 的一个集成框架，是目前较流行的一种 Web 应用程序开源框架[2]。表现层利用 Struts2 来实现。借助于 Struts2 的强大功能，可以更方便地实现 MVC 模式，使视图和访问控制分离，模块结构更加清晰，处理用户请求的编码更加简化。同时，借助于 Struts2 也便于实现国际化、数据验证、文件上传等特殊功能。数据访问层借助 Hibernate JPA 实现。Hibernate 是比较成熟的 ORM（对象关系映射）技术，利用 Hibernate 可以简化了数据库编程，容易从面向对象的角度设计程序，新的 Dao 设计模式，减少了业务层与底层数据库操作的耦合性。JPA 的使用，使得 ORM 持久化技术更加规范，也减少了对 ORM 的依赖性，便于以后的更新。Spring 主要起到集成系统各组成部分的作用。它基于借助于 IoS 技术，提供了强大的 Bean 工厂容器，通过配置的方式描述对象及其依赖关系，降低了模块间的依赖性，简化了程序设计。同时，Spring 提供的 AOP，是对面向对象程序设计的重要补充，借助于 AOP 技术，可以方便地实现系统级的功能，如事务管理和日志处理等。通过 Spring 降低了系统的复制性，使系统便于维护和扩充。

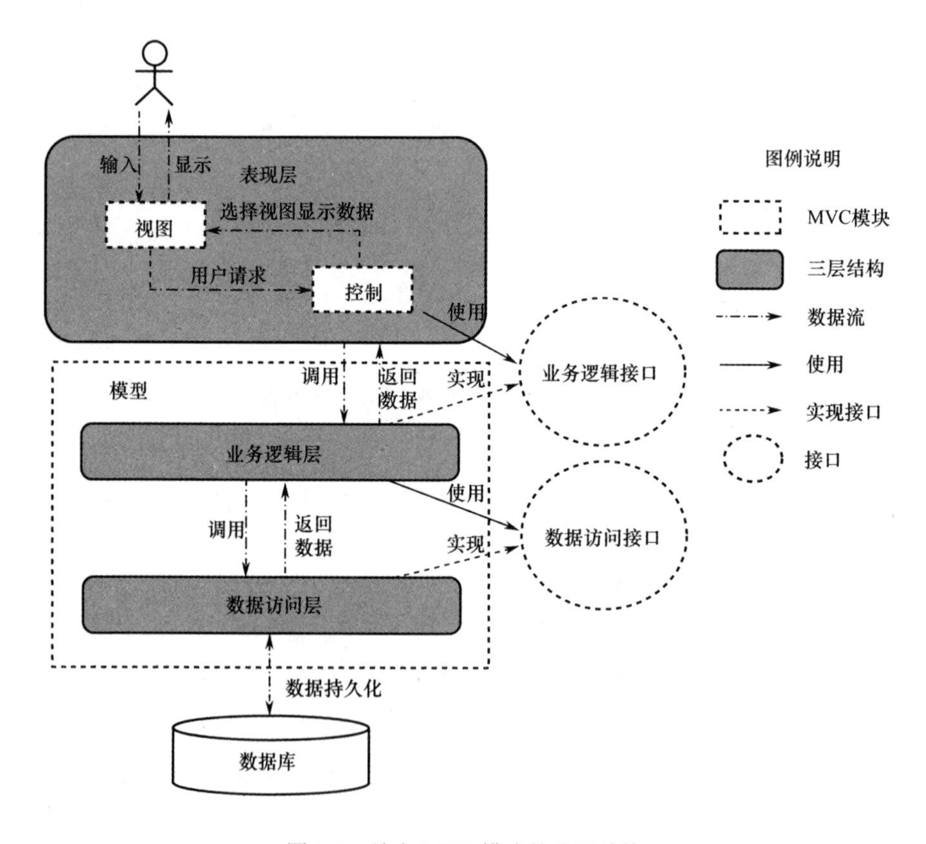

图 3-7　结合 MVC 模式的分层结构

SSHJ 分层开发结构如图 3-8 所示。

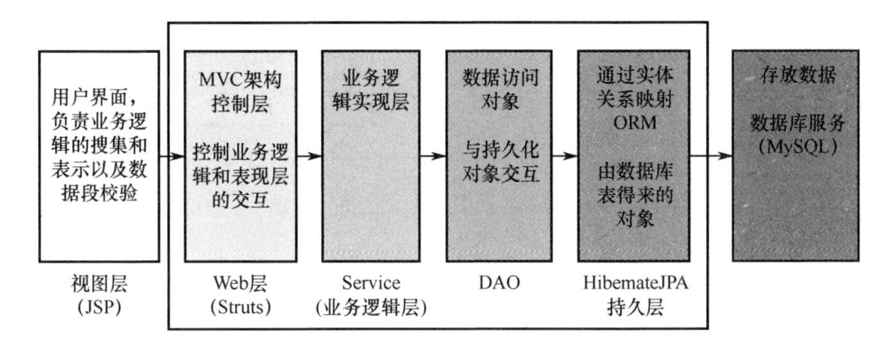

图 3-8　SSHJ 分层开发结构

3.4　领域模式设计

3.4.1　数据模型设计

1．基础数据模型

1）异常处理、日志模型等类

YslException（异常类）用于进行异常处理，该类继承 RuntimeException。YslLog（日志类）用于系统日志。YslResult（结果类）用于存放请求结果，如图 3-9 所示。

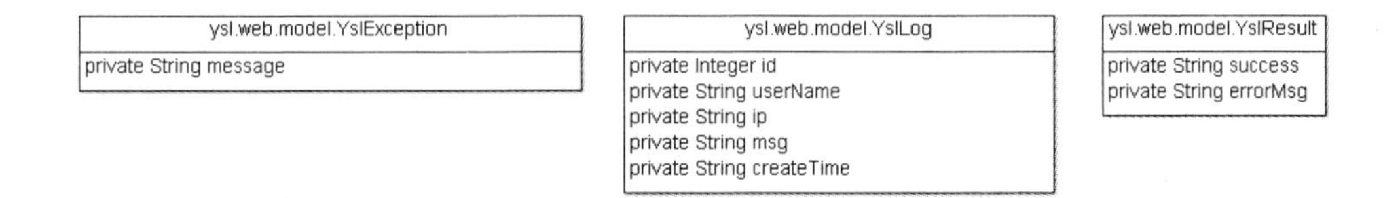

图 3-9　异常处理、日志模型等类

2）数据相关的类

数据相关的类有 YslType（数据类型）、YslDataGroup（数据组）、YslData（数据基类）、YslCommunication（交流数据基类）、YslResources（资源基类）等，类图如图 3-10 所示。

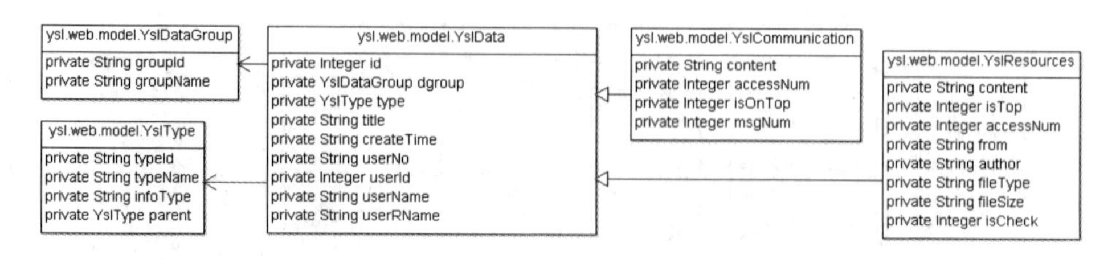

图 3-10　数据相关的类

3）分页相关的类

分页相关的类有 YslPageInfo（分页信息类）、YslPageList（分页列表类）、YslPageListForClient（客户端分页列表类）等，类图如图 3-11 所示。

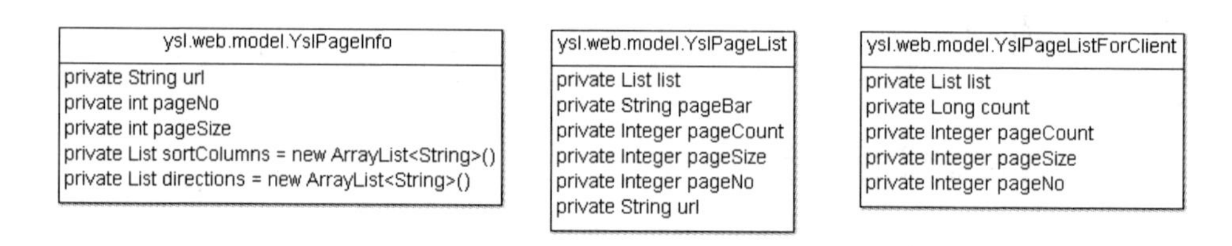

图 3-11　分页相关的类

4）用户及权限管理相关接口和类

用户及权限管理相关接口和类有 IYslUserDetail（用户接口）、YslUser（用户基类）、YslUserGroup（用户组类）、YslRole（角色）、YslAuthority（权限）等，类图如图 3-12 所示。

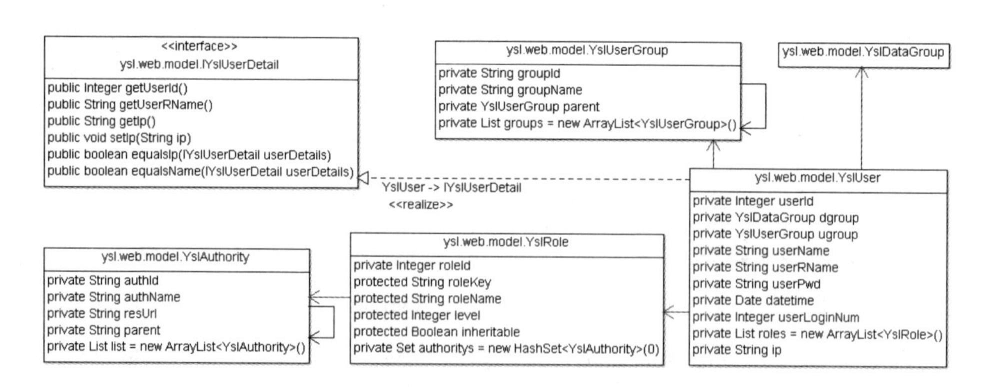

图 3-12　用户及权限管理相关接口和类

2. 应用数据模型

1）实训题目相关类

实践教学设计主要就是实训题目的设计，实训题目不仅给任务布置带来方便，也为指定学生实践提供支持。实训题目是经过挑选的，具有典型性、实用性、目的性和训练价值。每个实训题目不仅要有标题、内容、目的、实验条件、基本要求、扩展要求等基本的描述，还要有运行结果截图，此外，还要提供所需要的素材，配备过程帮助。过程帮助可用于指导学生完成实践任务，过程帮助提供了题目相关的知识、参考资料、注意事项、常见错误以及关键环节操作视频，配备主要知识测试。实训课题相关的类有 SxTopic（实训题目类）、SxProcHelp（过程帮助类）、SxKnowlege（相关知识类）、SxReference（参考资料类）、SxError（常见错误类）、SxProcessTips（设计提示类）、SxTest（测试题类）、SxTestScore（测试分数类）等。实训课题相关类如图 3-13 所示。

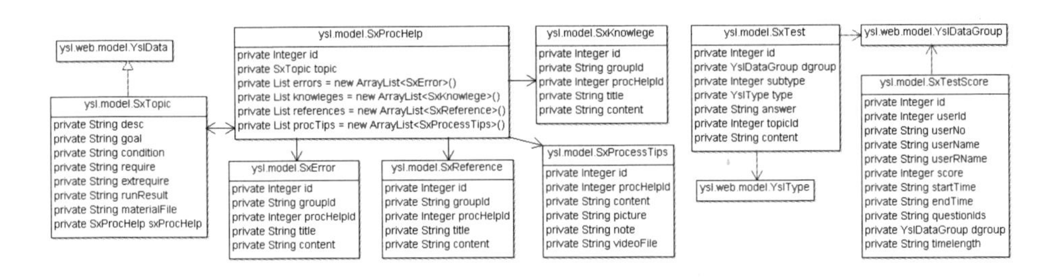

图 3-13　实训课题相关类

2）实训任务相关类

实训任务是实践教学过程中，教师布置给学生的实践任务。实训任务可以有如下类型：一般任务、记时任务、并行任务、分步任务。SxWork 是实训任务类，该类继承 YslData 类。

实训任务可以在实践教学前设计，设计后不一定马上发布，因此通过状态来表示是否发布。一旦作业任务已经发布，就会建立流程任务，用 SxTask 来表示。此外，SxTaskResult（任务结果）表示任务的成果。实训任务相关类如图 3-14 所示。

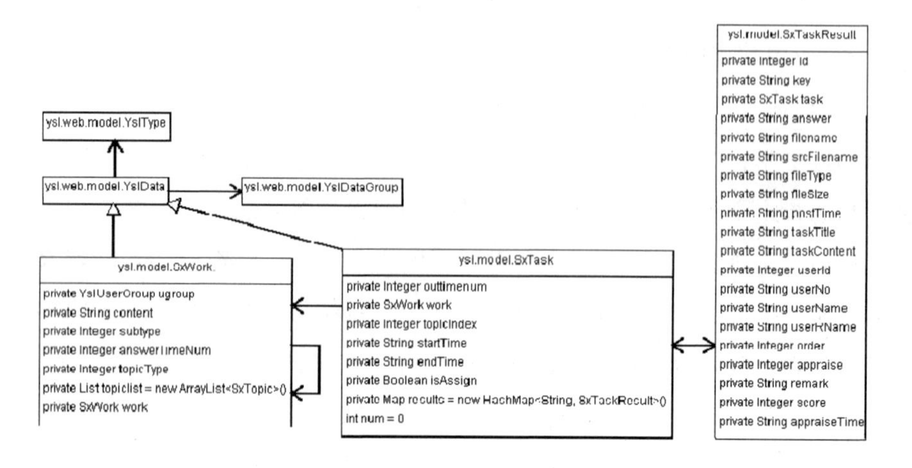

图 3-14　实训任务相关类

3）其他数据模型

其他数据模型有用户（SxUser）、案例（SxCasse）、问题（SxQuetion）、论坛版块（SxBoard）、论坛帖子（SxMessage）、留言（SxLeaveWord）、签到（SxSignin）、签到回答（SxSigninAnswer）等类，类图如图 3-15 所示。

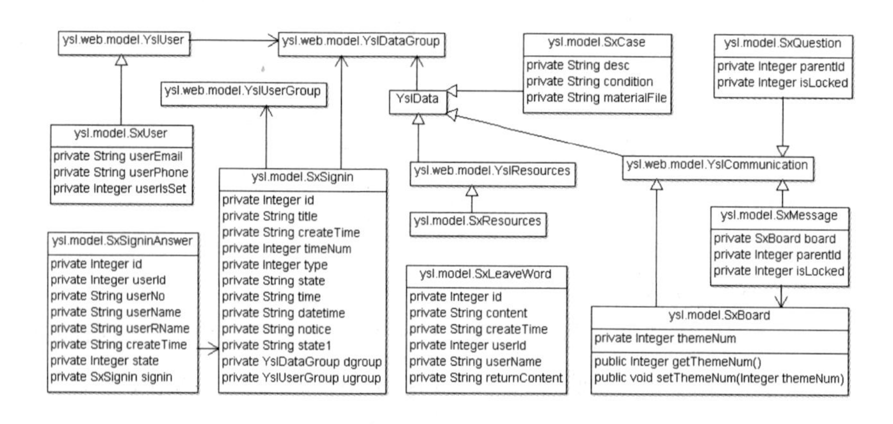

图 3-15　其他数据模型

3.4.2　接口设计

1．业务逻辑层接口设计

（1）用户、权限管理、日志相关业务逻辑层接口，如图 3-16 所示。

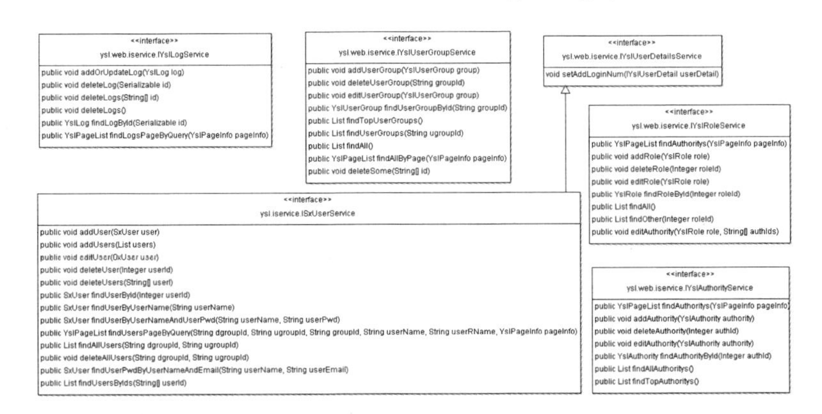

图 3-16　用户、权限管理、日志相关业务逻辑层接口

（2）任务相关接口，如图 3-17 所示。

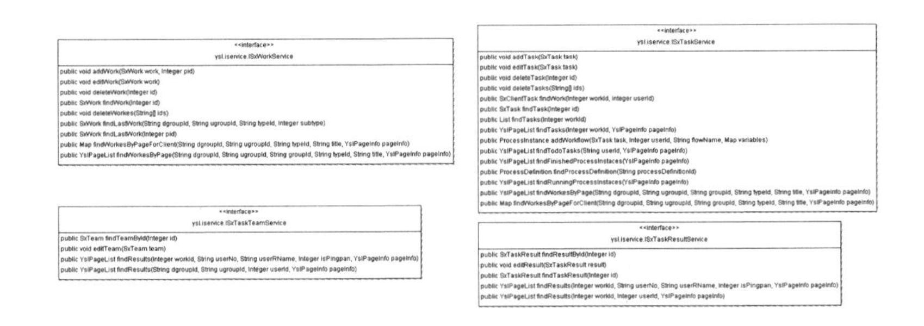

图 3-17　任务相关接口

（3）课题相关接口，如图 3-18 所示。

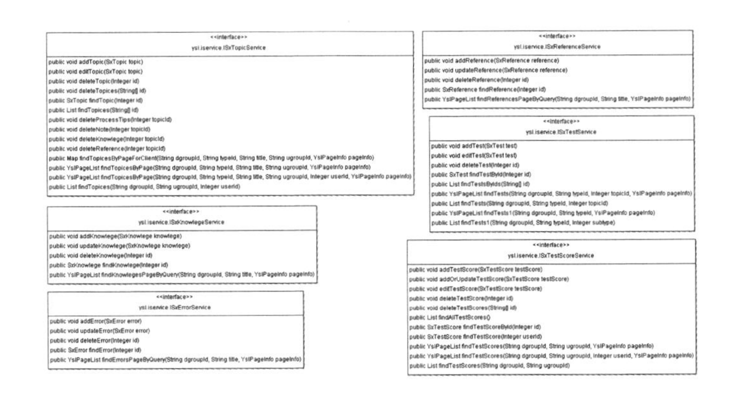

图 3-18　课题相关接口

（4）类型、数据组、资源、案例、签到、签到回答等业务逻辑接口，如图 3-19 所示。

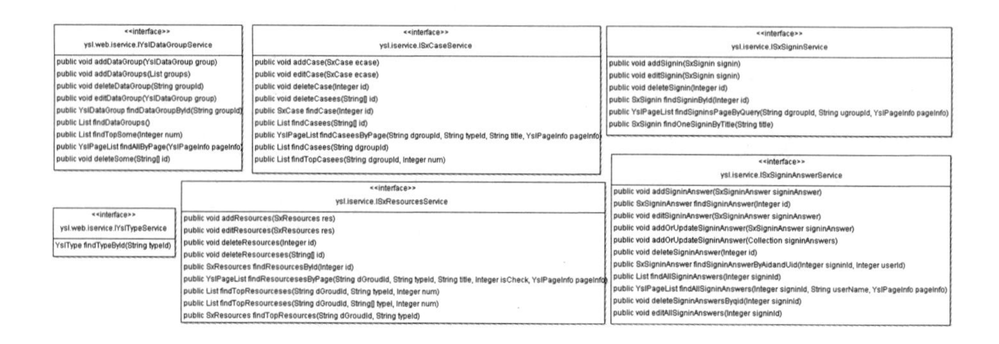

图 3-19　类型、数据组、资源、案例、签到、签到回答等业务逻辑接口

（5）论坛、问题答疑、留言等业务逻辑接口，如图 3-20 所示。

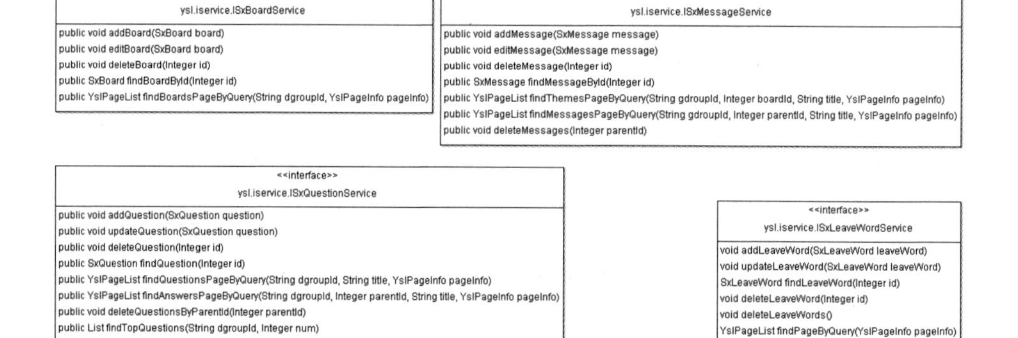

图 3-20　论坛、问题答疑、留言等业务逻辑接口

2. 数据访问层接口

所有接口均继承 IYslBaseDao 接口。

（1）数据访问层基础接口，如图 3-21 所示。

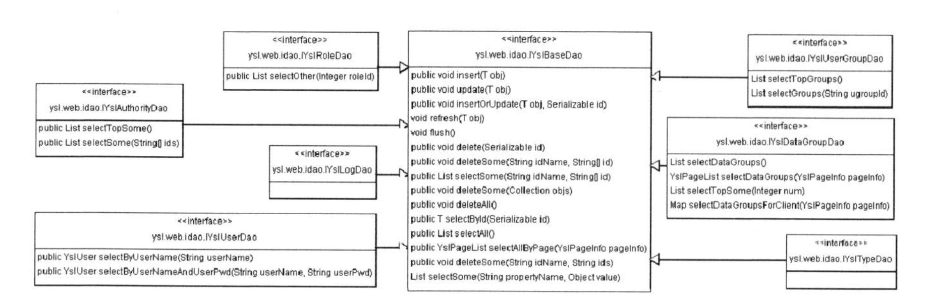

图 3-21　数据访问层基础接口

（2）题目相关数据访问层接口，如图 3-22 所示。

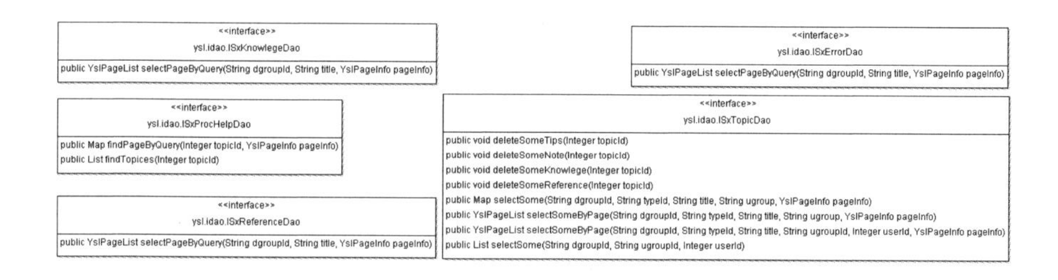

图 3-22　课题相关数据访问层接口

（3）资源和案例数据访问层接口，如图 3-23 所示。

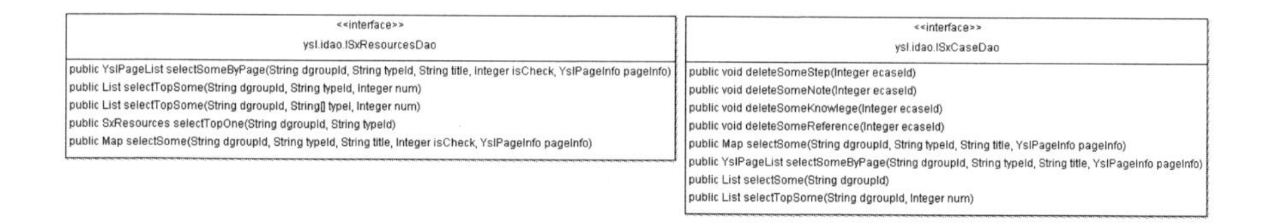

图 3-23　资源和案例数据访问层接口

（4）任务相关数据访问层接口，如图 3-24 所示。

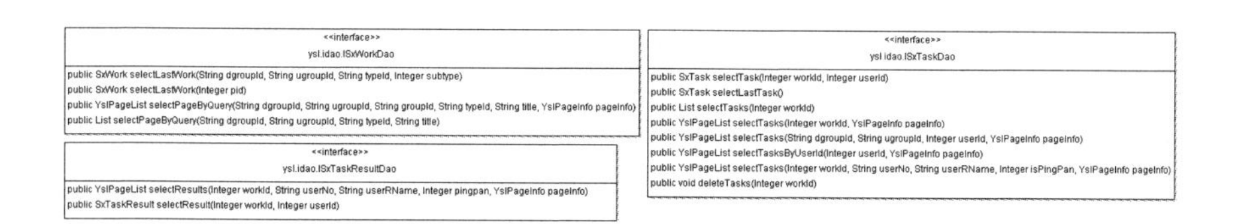

图 3-24　任务相关数据访问层接口

（5）签到、测试相关数据访问层接口，如图 3-25 所示。

<<interface>>
ysl.idao.ISxSigninAnswerDao
public SxSigninAnswer selectSigninAnswerById(Integer signinId, Integer userId)
public List selectAllSigninAnswers(Integer signinId)
public YslPageList selectAllSigninAnswers(Integer signinId, String userName, YslPageInfo pageInfo)
public void deleteSigninAnswersBysid(Integer signinId)
<<interface>>
ysl.idao.ISxSigninDao
public YslPageList selectByPage(String dgroupId, String ugroupId, YslPageInfo pageInfo)
public YslPageList selectByPage1(String dgroupId, String ugroupId, YslPageInfo pageInfo)
public SxSignin selectSxSigninByTitle(String title)
<<interface>>
ysl.idao.ISxTestDao
public YslPageList findTests(String dgroupId, String typeId, Integer topicId, YslPageInfo pageInfo)
public List findTests(String dgroupId, String typeId, Integer topicid)
public YslPageList findTests1(String dgroupId, String typeId, YslPageInfo pageInfo)
public List findTests1(String dgroupId, String typeId, Integer subtype)
<<interface>>
ysl.idao.ISxTestScoreDao
public YslPageList findTestScores(String dgroupId, String ugroupId, YslPageInfo pageInfo)
public YslPageList findTestScores(String dgroupId, String ugroupId, Integer userid, YslPageInfo pageInfo)
public List findTestScores(String dgroupId, String ugroupId, Integer userid)
public SxTestScore findTestScore(Integer userId)
public List findTestScores(String dgroupId, String ugroupId)

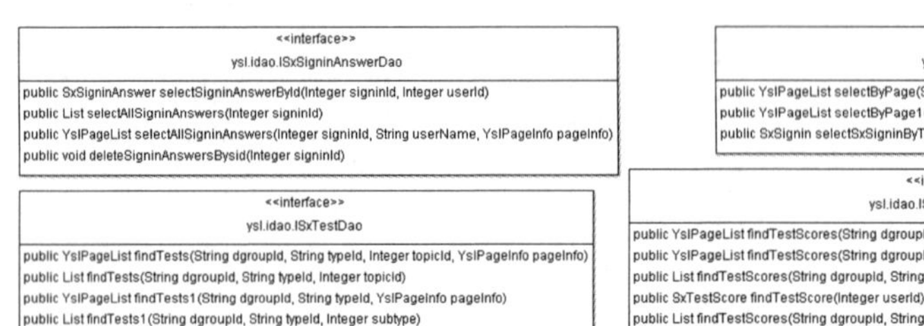

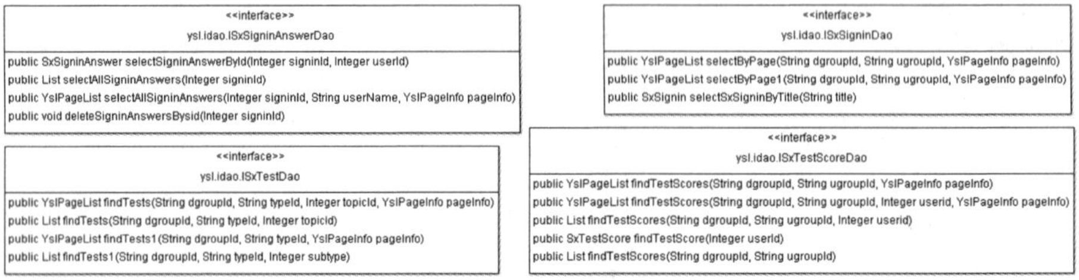

图 3-25　签到、测试相关数据访问层接口

（6）用户、数据备份数据访问层接口，如图 3-26 所示。

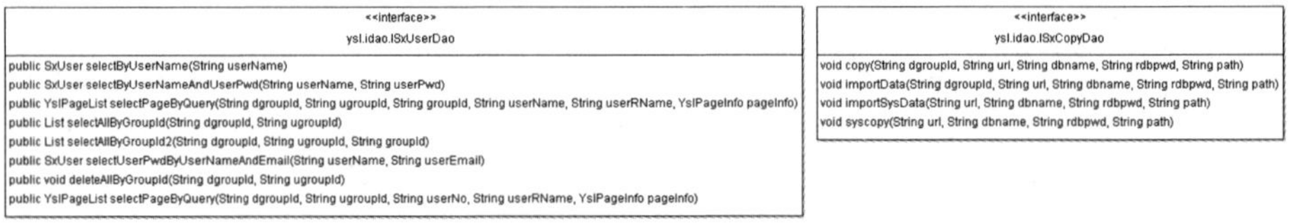

<<interface>>
ysl.idao.ISxUserDao
public SxUser selectByUserName(String userName)
public SxUser selectByUserNameAndUserPwd(String userName, String userPwd)
public YslPageList selectPageByQuery(String dgroupId, String ugroupId, String groupId, String userName, String userRName, YslPageInfo pageInfo)
public List selectAllByGroupId(String dgroupId, String ugroupId)
public List selectAllByGroupId2(String dgroupId, String ugroupId, String groupId)
public SxUser selectUserPwdByUserNameAndEmail(String userName, String userEmail)
public void deleteAllByGroupId(String dgroupId, String ugroupId)
public YslPageList selectPageByQuery(String dgroupId, String ugroupId, String userNo, String userRName, YslPageInfo pageInfo)
<<interface>>
ysl.idao.ISxCopyDao
void copy(String dgroupId, String url, String dbname, String rdbpwd, String path)
void importData(String dgroupId, String url, String dbname, String rdbpwd, String path)
void importSysData(String url, String dbname, String rdbpwd, String path)
void syscopy(String url, String dbname, String rdbpwd, String path)

图 3-26　用户、数据备份数据访问层接口

参 考 文 献

[1] 杨树林，胡洁萍. Java Web 应用技术与案例教程[M]. 北京：人民邮电出版社，2011.

[2] 杨树林，胡洁萍. 基于 SSJH 架构的软件实践平台的设计与实现[J]. 北京印刷学院学报，2011，19(2)：55-57.

第4章

实践任务建模及模型管理

本章介绍业务流程模型规范 BPMN 2.0，建模工具及模型管理，实训任务建模等内容。

4.1 业务流程模型规范

4.1.1 BPMN 2.0

BPMN 2.0 对流程执行语义定义了三类基本要素[1]：

- Activities（活动）——在工作流中所有具备生命周期状态的都可以称为“活动”，如原子级的任务（Task）、流向（Sequence Flow），以及子流程（Sub-Process）等。
- Gateways（网关）——网关用来决定流程流转指向，可能会被用作条件分支或聚合，也可以被用作并行执行或基于事件的排它性条件判断。
- Events（事件）——事件用来表明流程的生命周期中发生了什么事，像启动、结束、边界条件以及每个活动的创建、开始、流转等都是流程事件，利用事件机制，可以通过事件控制器为系统增加辅助功能，如其他业务系统集成、活动预警等。

这三类执行语义的定义涵盖了业务流程常用的 Sequence Flow（流程转向）、Task（任务）、Sub-Process（子流程）、Parallel Gateway（并行执行网关）、ExclusiveGateway（排他型网关）、InclusiveGateway（包容型网关）等常用图元。

4.1.2 流程的主要元素[2,3]

1. 流程根元素

一个 BPMN 2.0 XML 流程的根是 definitions 元素。它的子元素 process 定义业务流程。每个 process 子元素可以拥有一个 id（必填）和 name（可选）。一个空的 BPMN 2.0 业务流程如下所示。

```
<definitions .....>
    <process id="My business processs" name=" myBusiness Process">
        ......
    </process>
<definitions>
```

2. 事件（Event）

事件用来表明流程的生命周期中发生了什么事，大致有四类：开始事件、结束事件、中间事件、边界事件。在实训任务建模中主要用到了开始事件、结束事件以及定时边界事件。

1）开始事件

开始事件表示流程的开始，用圆形图标来表示，内部可有一个小图标用于指定事件的实际类型，有空开始事件、定时器开始事件、消息开始事件以及错误开始事件等类型。这些类型定义了流程如何启动。

空开始事件没有触发条件，需要通过 API 启动。空开始事件显示成一个圆圈，内部没有小图标，如图 4-1 所示。

空开始事件的定义如下所示：

```
<startEvent id="request" name="myStart" activiti: initiator=
"initiator" />
```

id 是必填的，name 和 initiator 是可选的。initiator 指定当流程启动时，把当前登录的用户保存到哪个变量名中。登录的用户必须使用 IdentityService.setAuthenticatedUserId(String) 方法设置，并像这样包含在 try-finally 代码中：

```
try {
```

```
    identityService.setAuthenticatedUserId("bono");
    runtimeService.startProcessInstanceByKey("someProcessKey");
} finally {
    identityService.setAuthenticatedUserId(null);
}
```

2）结束事件

结束事件表示流程的结束。结束事件用粗边圆形图标表示，内部可有小图标，用以指定结束的时候会执行哪种操作。

空结束事件是指流程结束时，不进行任何的额外操作。空结束事件内部没有小图标（无结果类型），如图 4-2 所示。空结束事件的定义如下所示：

```
<endEvent id="end" name="my end event" />
```

图 4-1　开始事件　　　　图 4-2　结束事件

3）定时边界事件

边界事件是依附于某个流程元素（如任务、子流程等）的事件，它会监听对应的触发类型。事件发生时，节点就会中断，同时执行事件的后续连线。边界事件的定义方式如下：

```
<boundaryEvent    id="myBoundaryEvent"    attachedToRef    ="the
Activity">
  <XXXEventDefinition/>
</boundaryEvent>
```

attachedToRef 属性指定事件依附的元素（边界事件和它们附加的节点在同一级别上）。格式为 XXXEventDefinition 的子元素（比如，TimerEventDefinition，ErrorEventDefinition，等等）定义了边界事件的类型。

定时边界事件是一个带有定时器的边界事件（边界上的一个圆圈），内部是一个定时器小图标。当流程到达流程活动时，会启动一个定时器。当定时器触发时（比如，一定时间之后），环节就会中断，并沿着定时边界事件的外出连线继续执行，如图 4-3 所示。

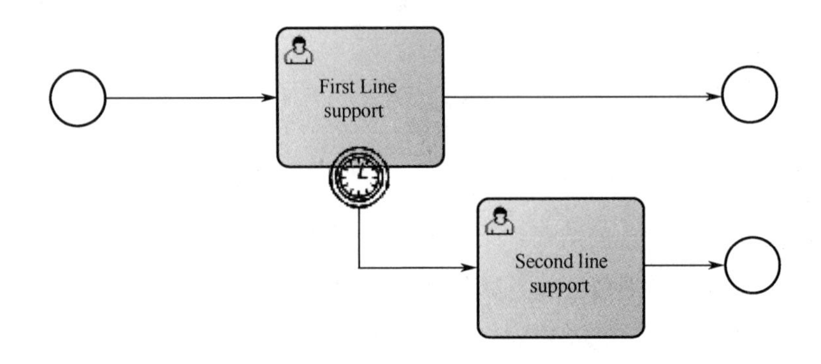

图 4-3　定时边界事件

定时器边界事件定义类似如下：

```
<boundaryEvent id="escalationTimer" cancelActivity="true"
    attachedToRef="firstLineSupport">
  <timerEventDefinition>
       <timeDuration>PT4H</timeDuration>
   </timerEventDefinition>
</boundaryEvent>
```

3. 顺序流

顺序流是连接两个流程节点的连线。流程执行完一个节点后，会沿着节点的所有外出顺序流继续执行。BPMN 2.0 默认的行为就是并发的：两个外出顺序流会创造两个单独的并发流程分支。顺序流显示为从起点到终点的箭头。

顺序流需要流程范围内唯一的 id，以及对起点与终点元素的引用。

```
<sequenceFlow id="flow1" sourceRef="theStart" targetRef = "the
Task" />
```

4. 网关

网关用来控制流程的流向。网关显示成菱形图形，内部有一个小图标，表示网关的类型。

排他网关（也叫异或（XOR）网关）用来在流程中实现决策。当流程执行到这个网关时，其中条件解析为 true 的顺序流被执行。排他网关内部是一个“X”

图标，表示异或（XOR）语义。注意，没有内部图标的网关，默认为排他网关。排他网关如图 4-4 所示。

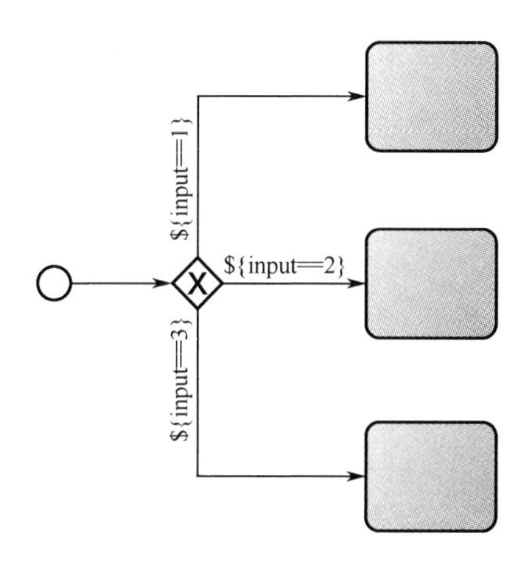

图 4-4　排他网关

并行网关用于表示流程的并发，它可以让一个执行流变为多个同时执行的并发执行流，也可以让多个执行流合并为一个执行流。与其他网关的主要区别是，并行网关不会解析条件。即使顺序流中定义了条件，也会被忽略。并行网关显示成菱形，内部是一个“＋”图标，如图 4-5 所示。

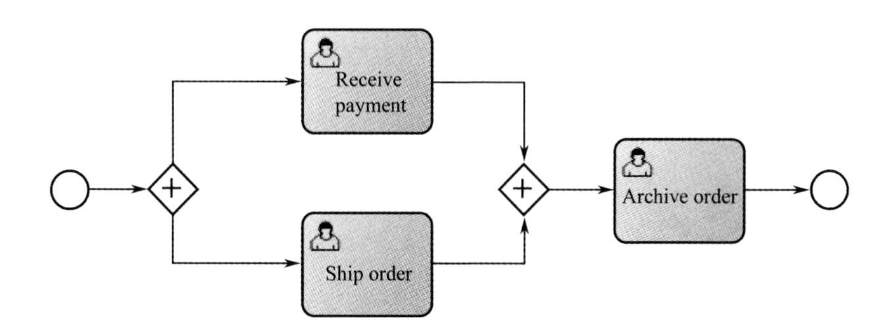

图 4-5　并行网关

它对应的 XML 内容如下：

```
<exclusiveGateway id="exclusiveGw" name="Exclusive Gateway" />
<sequenceFlow  id="flow2"  sourceRef="exclusiveGw"  targetRef="
theTask1">
```

```
      <conditionExpression xsi:type="tFormalExpression">${input ==
1}</ conditionExpression>
    </sequenceFlow>
    <sequenceFlow  id="flow3"  sourceRef="exclusiveGw"  targetRef="
theTask2">
      <conditionExpression xsi:type="tFormalExpression">${input ==
2}</ conditionExpression>
    </sequenceFlow>
    <sequenceFlow  id="flow4"  sourceRef="exclusiveGw"  target  Ref
="theTask3">
      <conditionExpression xsi:type="tFormalExpression">${input ==
3}</conditionExpression>
</sequenceFlow>
```

其中的 input 为流程变量。

定义并行网关只需要一行 XML：

```
<parallelGateway id="myParallelGateway" />
```

包含网关可以看做排他网关和并行网关的结合体。和排他网关一样，包含网关会解析它顺序流上的定义条件。但是主要的区别是包含网关可以选择多于一条顺序流，换句话说，多个满足条件的都会执行，此时和并行网关一样。

并行网关显示为菱形，内部包含一个圆圈图标，如图 4-6 所示。

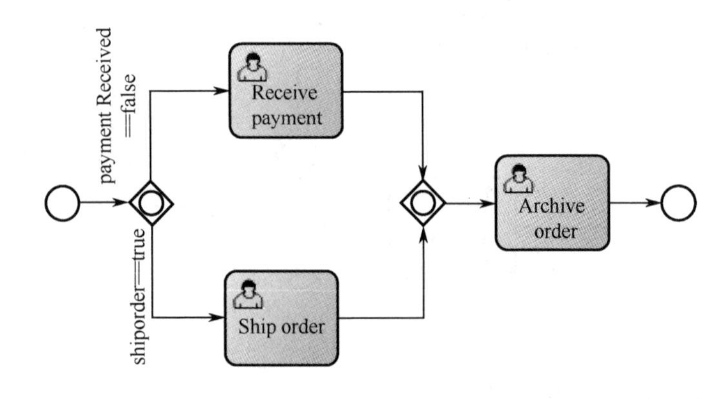

图 4-6　包含网关

定义一个包含网关需要一行 XML：

```
<inclusiveGateway id="myInclusiveGateway" />
```

5. 用户任务

用户任务用来设置必须由人员完成的工作。当流程执行到用户任务时，会创建一个新任务， 并把这个新任务加入分配人或群组的任务列表。用户任务显示成圆角矩形，左上角有一个小用户图标，如图 4-7 所示。

图 4-7　用户任务

用户任务定义格式如下所示。其中 id 属性是必需的，name 属性是可选的。

```
<userTask id="theTask" name="importanttask"/>
```

用户任务可以通过 documentation 元素设置描述。

```
<userTask id="theTask" name="Schedule meeting" >
  <documentation>
     Schedule an engineering meeting for next week with the new
hire.
  </documentation>
</userTask>
```

6. 服务任务

服务任务用来调用外部 Java 类。服务任务显示为圆角矩形，左上角有一个齿轮小图标。有 4 种方法来声明 Java 调用逻辑：

- 实现 JavaDelegate 或 ActivityBehavior。
- 执行解析代理对象的表达式。
- 调用一个方法表达式。
- 调用一直值表达式。

执行一个在流程执行中调用的类，需要在“activiti:class”属性中设置全类名。

```
<serviceTask id="JavaService" name="My Java Service Task"
                    activiti:class="org.activiti.MyJavaDelegate
"/>
```

也可以使用表达式调用一个对象，但对象必须遵循一些规则。

```
<serviceTask id="serviceTask" activiti: delegateExpression =
"${delegateExpressionBean}" />
```

这里，delegateExpressionBean 是一个实现了 JavaDelegate 接口的 bean，它定义在实例的 Spring 容器中。

要指定执行的 UEL 方法表达式，需要使用 activiti:expression。

```
<serviceTask id="JavaService" name="My Java Service Task"
                    activiti:expression="${printer.printMessage()}
"/>
```

方法 printMessage（无参数）会调用名为 printer 对象的方法。

也可以为表达式中的方法传递参数。

```
<serviceTask id="JavaService" name="My Java Service Task"
                activiti:expression="${printer.printMessage(execu
tion, myVar)}" />
```

第一个参数是 DelegateExecution，在表达式环境中默认名称为 execution。第二个参数传递的是当前流程的名为 myVar 的变量。

要在流程执行中实现一个调用的类，这个类需要实现 org. activiti. engine .delegate.JavaDelegate 接口，并在 execute 方法中提供对应的业务逻辑。当流程执行到特定阶段，它会指定方法中定义好的业务逻辑，并按照默认 BPMN 2.0 中的方式离开节点。

让我们创建一个 Java 类的例子，它用以将流程变量中字符串转换为大写。这个类需要实现 org.activiti.engine.delegate.JavaDelegate 接口，这要求我们实现 execute(DelegateExecution)方法。它包含的业务逻辑会被引擎调用。可以通过 DelegateExecution 接口访问和操作流程实例信息，如流程变量和其他信息。

```
public class ToUppercase implements JavaDelegate {
  public void execute(DelegateExecution execution) throws
Exception {
        String var = (String) execution.getVariable("input");
        var = var.toUpperCase();
        execution.setVariable("input", var);
  }
}
```

服务流程返回的结果（使用表达式的服务任务）可以分配给已经存在的或新的流程变量，可以通过指定服务任务定义的“activiti:resultVariable”属性来实现。

```
<serviceTask id="aMethodExpressionServiceTask"
            activiti:expression="${myService.doSomething()}"
          activiti:resultVariable="myVar" />
```

4.1.3 用户任务分配[4]

有如下分配任务的方法。

1. 直接分配

用户任务可以直接分配给一个用户，这可以通过 humanPerformer 元素定义。humanPerformer 定义需要一个 resourceAssignmentExpression 来实际定义用户。例如：

```
<userTask id='theTask' name='important task' >
 <humanPerformer>
   <resourceAssignmentExpression>
     <formalExpression>kermit</formalExpression>
   </resourceAssignmentExpression>
 </humanPerformer>
</userTask>
```

当任务被分配一个用户的时候，用户叫做执行者。拥有执行者的任务不会出现在其他人的任务列表中，只能出现在执行者的个人任务列表中。

直接分配给用户的任务可以通过 TaskService 获取，例如：

```
List<Task> tasks = taskService. createTaskQuery(). Task Assignee
("kermit").list();
```

2. 候选人员列表

使用 potentialOwner 元素指定任务的候选人，用法和 humanPerformer 元素类似，但它需要指定设置的是用户还是群组。如果没有显示指定设置的是用户还是群组，引擎会默认当做群组处理。例如：

```
<userTask id='theTask' name='important task' >
  <potentialOwner>
    <resourceAssignmentExpression>
      <formalExpression>user(kermit),group(management)</formal
Expression>
    </resourceAssignmentExpression>
  </potentialOwner>
</userTask>
```

分配给候选用户列表或组的任务可以通过 TaskService 获取，例如：

```
List<Task> tasks1 = taskService. createTaskQuery(). Task
CandidateUser("kermit").list();
List<Task> tasks2 = taskService.createTaskQuery(). Task Candidate
Group("kermit").list();
```

此时对应办理人必须拾取任务，方能办理成功，任务被其中一个人拾取后，其他人不可见此任务。任务拾取方法：

```
processEngine.getTaskService().claim(taskId, userId);
```

3. Activiti 对任务分配的扩展

为避免复杂性，可以使用用户任务的自定义扩展。

assignee 属性：这个自定义扩展可以直接把用户任务分配给指定用户。

candidateUsers 属性：这个自定义扩展可以为任务设置候选人。

```
<userTask id="theTask" name="mytask" activiti: assignee= "
kermit" />
<userTask id="theTask" name="mytask" activiti:candidateUsers =
"kermit, gonzo" />
<userTask id="theTask" name="mytask" activiti:candidate Groups
="management, accountancy" />
```

4. 创建任务监听器事件来分配任务

```
<userTask id="task1" name="My task" >
    <extensionElements>
    <activiti:taskListener event="create" class="org.activiti.
MyAssignmentHandler" />
   </extensionElements>
 </userTask>
```

DelegateTask 会传递给 TaskListener 实现，通过它可以设置执行人、候选人和候选组：

```
public class MyAssignmentHandler implements TaskListener {
    public void notify(DelegateTask delegateTask) {
        delegateTask.setAssignee("kermit");
    delegateTask.addCandidateUser("fozzie");
    delegateTask.addCandidateGroup("management");
    ......
    }
}
```

5. 使用表达式

使用 Spring 时，可以使用表达式把任务监听器设置为 Spring 代理的 bean，让这个监听器监听任务的创建事件。下面的例子中，执行者会通过调用 ldapService 这个 Spring bean 的 findManagerOfEmployee 方法获得。流程变量 emp 会作为参数传递给 bean。

```
<userTask id="task" name="My Task"
     activiti:assignee="${ldapService.findManagerForEmployee(emp)
}"/>
<userTask id="task" name="My Task"
     activiti:candidateUsers="${ldapService.findAllSales()}"/>
```

注意方法返回类型只能为 String 或 Collection<String> （对应候选人和候选组）：

```
public class FakeLdapService {
   public String findManagerForEmployee(String employee) {
        return "Kermit The Frog";
    }
    public List<String> findAllSales() {
       return Arrays.asList("kermit", "gonzo", "fozzie");
    }
}
```

4.2 建模工具及模型管理

4.2.1 整合 Activiti-Modeler

Activiti-Modeler 是 Activiti5 提供的基于 Web 的在线流程设计器，它使用 BPMN 2.0 来描述模型，以图形化操作的方式对流程进行定义并生成流程定义文件，并将生成的定义文件部署到工作流系统即可完成流程的新建或修改。将 Activiti-modeler 整合到系统，可以方便实现实践任务建模。

这里整合的是 activiti-modeler 5.21.0 版，具体步骤如下[5,6]。

（1）引入 Activiti Modeler 相关包。

```
<properties>
    ......
    <batik.vervsion>1.8</batik.vervsion>
    <xml-apis-version>1.3.04</xml-apis-version>
    <xmlgraphics-version>2.0.1</xmlgraphics-version>
</properties>
<dependencies>
    ......
    <!-- 集成 activiti modeler 相关包 -->
    <dependency>
        <groupId>org.activiti</groupId>
        <artifactId>activiti-json-converter</artifactId>
        <version>${activiti.version}</version>
        <exclusions>
            <exclusion>
                <artifactId>commons-collections</artifactId>
                <groupId>commons-collections</groupId>
            </exclusion>
        </exclusions>
    </dependency>
    <dependency>
        <groupId>org.apache.xmlgraphics</groupId>
        <artifactId>batik-transcoder</artifactId>
        <version>${batik.vervsion}</version>
```

```
</dependency>
<dependency>
    <groupId>org.apache.xmlgraphics</groupId>
    <artifactId>batik-dom</artifactId>
    <version>${batik.vervsion}</version>
</dependency>
<dependency>
    <groupId>org.apache.xmlgraphics</groupId>
    <artifactId>batik-bridge</artifactId>
    <version>${batik.vervsion}</version>
</dependency>
<dependency>
    <groupId>org.apache.xmlgraphics</groupId>
    <artifactId>batik-css</artifactId>
    <version>${batik.vervsion}</version>
</dependency>
<dependency>
    <groupId>org.apache.xmlgraphics</groupId>
    <artifactId>batik-anim</artifactId>
    <version>${batik.vervsion}</version>
</dependency>
<dependency>
    <groupId>org.apache.xmlgraphics</groupId>
    <artifactId>batik-codec</artifactId>
    <version>${batik.vervsion}</version>
</dependency>
<dependency>
    <groupId>org.apache.xmlgraphics</groupId>
    <artifactId>batik-ext</artifactId>
    <version>${batik.vervsion}</version>
</dependency>
<dependency>
    <groupId>org.apache.xmlgraphics</groupId>
    <artifactId>batik-gvt</artifactId>
    <version>${batik.vervsion}</version>
</dependency>
```

```
<dependency>
    <groupId>org.apache.xmlgraphics</groupId>
    <artifactId>batik-script</artifactId>
    <version>${batik.vervsion}</version>
</dependency>
<dependency>
    <groupId>org.apache.xmlgraphics</groupId>
    <artifactId>batik-parser</artifactId>
    <version>${batik.vervsion}</version>
</dependency>
<dependency>
    <groupId>org.apache.xmlgraphics</groupId>
    <artifactId>batik-svg-dom</artifactId>
    <version>${batik.vervsion}</version>
</dependency>
<dependency>
    <groupId>org.apache.xmlgraphics</groupId>
    <artifactId>batik-svggen</artifactId>
    <version>${batik.vervsion}</version>
</dependency>
<dependency>
    <groupId>org.apache.xmlgraphics</groupId>
    <artifactId>batik-util</artifactId>
    <version>${batik.vervsion}</version>
</dependency>
<dependency>
    <groupId>org.apache.xmlgraphics</groupId>
    <artifactId>batik-xml</artifactId>
    <version>${batik.vervsion}</version>
</dependency>
<dependency>
    <groupId>org.apache.xmlgraphics</groupId>
    <artifactId>batik-js</artifactId>
    <version>${batik.vervsion}</version>
</dependency>
<dependency>
```

```
            <groupId>org.apache.xmlgraphics</groupId>
            <artifactId>batik-awt-util</artifactId>
            <version>${batik.vervsion}</version>
        </dependency>
        <dependency>
            <groupId>xml-apis</groupId>
            <artifactId>xml-apis-ext</artifactId>
            <version>${xml-apis-version}</version>
        </dependency>
        <dependency>
            <groupId>xml-apis</groupId>
            <artifactId>xml-apis</artifactId>
            <version>${xml-apis-version}</version>
        </dependency>
        <dependency>
            <groupId>org.apache.xmlgraphics</groupId>
            <artifactId>xmlgraphics-commons</artifactId>
            <version>${xmlgraphics-version}</version>
        </dependency>
    </dependencies>
```

（2）从 http://www.activiti.org/download.html 网站下载 activiti-5.21.0.zip。解压 zip 文件，解压后的目录如图 4-8 所示。

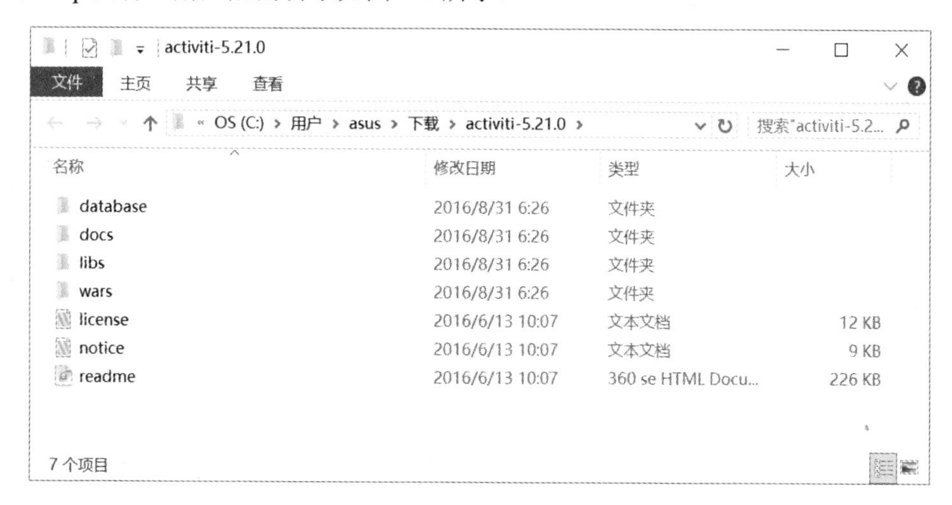

图 4-8　activiti-5.21.0 文件夹

打开 wars 文件夹，解压 activiti-explorer.war 文件（可以先修改扩展名为 rar，再解压），解压后的目录如图 4-9 所示。

图 4-9　activiti-explorer.war 解压后的文件夹

（3）复制相关的文件到对应的目录，如复制到 bpm 目录下，如图 4-10 所示。

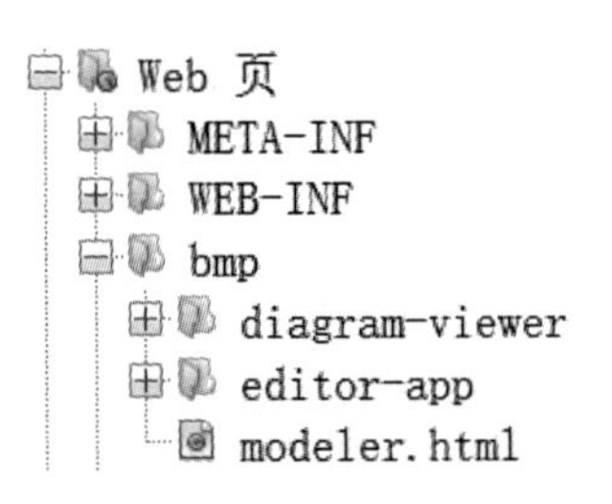

图 4-10　复制后的文件目录

（4）复制 stencilset.json 到源包下，该文件为插件配置文件。

（5）重写用于 Activiti-Modeler 请求的几个方法。原来的 Activiti-Modeler 是与 Spring-MVC 整合，要与 Struts2 整合，因此需要重写相关的方法：保存模型，读取 stencilset.json，以及获取要修改的模型数据（JSON 格式）。为此，设计一个类 ModelAction 封装这些方法，为了管理模型，该类还包含管理、添加、部署、导出、删除等方法，并在 struts.xml 文件中进行相应的配置，具体实现参见 4.2.2 节。

（6）修改 editor-app 下的 app-cfg.js 文件，内容如下所示。

```
var ACTIVITI = ACTIVITI || {};
ACTIVITI.CONFIG = {
    'contextRoot': getProjectPath()+"/service"
};
function getProjectPath() {//获取项目名
    var strPath = window.document.location.pathname;
    var postPath = strPath.substring(0, strPath.substr(1).
indexOf('/') + 1);
    return postPath;
}
```

（7）修改 editor-app/configuration 下的 url-config.js 文件。内容如下所示。

```
var KISBPM = KISBPM || {};
KISBPM.URL = {
    getModel: function(modelId) {
        return ACTIVITI.CONFIG.contextRoot + '/Model!get Editor
Json.Action?modelId='+modelId;
    },
    getStencilSet: function() {
        return ACTIVITI.CONFIG.contextRoot+'/Model!get Stencilset.
Action?version=' + Date.now();
    },
    putModel: function(modelId) {
        return ACTIVITI.CONFIG.contextRoot + '/Model!save Model.
Action?modelId='+modelId;
    }
};
```

（8）汉化界面[7]。

汉化 editor-app/i18n 目录下的 en.json 和源包 stencilset.json。

（9）请求 modeler.html，最后的设计界面如图 4-11 所示。

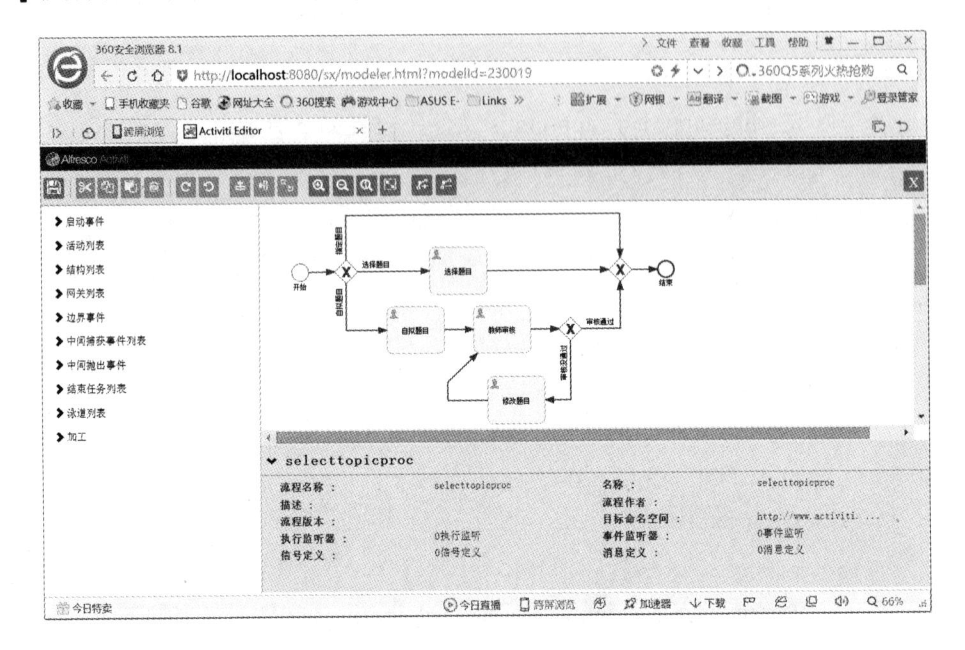

图 4-11　模型设计界面

4.2.2　模型管理

1. 模型管理的控制层设计

模型管理主要利用 RepositoryService 的实例，此外，导出时用到 Process Engine Configuration 实例。ModelAction 类作为控制层，封装了保存模型，读取 stencilset.json，获取模型数据（JSON 格式），以及管理、添加、部署、导出、删除等方法。

```
public class ModelAction {
    @Autowired
    ProcessEngineConfiguration processEngineConfiguration;
    @Autowired
    RepositoryService repositoryService;
    @Autowired
    private ObjectMapper objectMapper;
    List<Model> list;
    String name,key,description,modelId,json_xml,svg_xml;
    Map result;
```

```
    // 预处理
    private void preProcess(String filename) throws Exception {
        HttpServletResponse response = ServletActionContext.
getResponse();
        res = response.getOutputStream();
        //清空输出流
        response.reset();
        //设定输出文件头
        response.setHeader("Content-disposition ", "attachment;
filename=" + filename);
        response.setContentType("application/zip");
        zos = new ZipOutputStream(res);
    }
    // 后处理
    private void afterProcess() throws Exception {
        zos.close();
        res.close();
    }
    //管理
    public String manage() {
        list = repositoryService.createModelQuery().list();
        return "manage";
    }
    //获取组件 JSON
    public void getStencilset() {
        InputStream stencilsetStream = this.getClass(). getClass
Loader().getResourceAsStream("stencilset.json");
        try {
            ServletActionContext.getResponse().setContentType
    ("text/xml");
            ServletActionContext.getResponse().getWriter().
    write(IOUtils.toString(stencilsetStream, "utf-8"));
            ServletActionContext.getResponse().flushBuffer();
        } catch (Exception e) {
            throw new ActivitiException("Error while loading
```

```
stencil set", e);
            }
        }
        //根据 modelId 获取模型 JSON 数据
        public void getEditorJson() throws Exception {
            ObjectNode modelNode;
            Model model = repositoryService.getModel(modelId);
            if (model != null) {
               if (StringUtils.isNotEmpty(model.getMetaInfo())) {
                   modelNode = (ObjectNode) objectMapper. readTree
(model.getMetaInfo());
               } else {
                   modelNode = objectMapper.createObjectNode();
                   modelNode.put("name", model.getName());
               }
               modelNode.put("modelId", model.getId());
               ObjectNode editorJsonNode = (ObjectNode) object Mapper
                       .readTree(new String(repositoryService
                               .getModelEditorSource(model.getId()),
"utf-8"));
               modelNode.putPOJO("model", editorJsonNode);
               ServletActionContext.getResponse().getWriter().
    print(objectMapper.writeValueAsString(modelNode));
            }
        }
        //保存模型
        public String saveModel() throws Exception {
            Model model = repositoryService.getModel(modelId);
            ObjectNode modelJson = (ObjectNode) objectMapper.
readTree(model.getMetaInfo());
            modelJson.put("name", name);
            modelJson.put("description", description);
            model.setMetaInfo(modelJson.toString());
            model.setName(name);
            repositoryService.saveModel(model);
```

```
            repositoryService.addModelEditorSource(model.getId(),
json_xml.getBytes("utf-8"));
            InputStream svgStream = new ByteArrayInput Stream
(svg_xml.getBytes("utf-8"));
            TranscoderInput input = new Transcoder Input (svg Stream);
            PNGTranscoder transcoder = new PNGTranscoder();
            ByteArrayOutputStream outStream = new Byte Array Output
Stream();
            TranscoderOutput output = new Transcoder Output (out
Stream);
            transcoder.transcode(input, output);
            final byte[] result = outStream.toByteArray();
            repositoryService.addModelEditorSourceExtra(model.
    getId(), result);
            outStream.close();
            return "manageAction";
        }
        //添加
        public void addModel() {
            try {
                Model modelData = repositoryService.newModel();
                ObjectNode modelObjectNode = objectMapper. Create
ObjectNode();
                modelObjectNode.put("name", name);
                modelObjectNode.put("revision", 1);
                description = StringUtils. Default String (description);
                modelObjectNode.put("description", description);
                modelData.setMetaInfo(modelObjectNode.toString());
                modelData.setName(name);
                modelData.setKey(StringUtils.defaultString(key));
                repositoryService.saveModel(modelData);
                //保存模型资源
                ObjectNodeeditorNode=objectMapper.CreateObjectNode();
                editorNode.put("id", modelData.getId());
```

```
                editorNode.put("resourceId", modelData.getId());
                ObjectNode stencilSetNode = objectMapper. Create
ObjectNode();
                ObjectNode ppp = objectMapper.createObjectNode();
                ppp.put("documentation", description);
                ppp.put("process_id", key);
                ppp.put("name", name);
                editorNode.put("properties", ppp);
                stencilSetNode.put("namespace","http://b3mn.org/
stencilset/bpmn2.0#");
                editorNode.put("stencilset", stencilSetNode);
                repositoryService.addModelEditorSource(modelData.
    getId(), editorNode.toString().getBytes("utf-8"));
                ServletActionContext.getResponse().sendRedirect
    (ServletActionContext.getRequest().getContextPath()+"/modeler.h
tml?modelId=" + modelData.getId());
            } catch (Exception e) {
                e.printStackTrace();
            }
        }
        //根据 Model 部署流程
        public void deploy() throws Exception {
            try {
                Model modelData = repositoryService. getModel
(modelId);
                ObjectNode modelNode = (ObjectNode) new Object
Mapper().readTree(repositoryService.getModelEditorSource(modelData
.getId()));
                byte[] bpmnBytes;
                BpmnModel model = new BpmnJsonConverter(). Convert
ToBpmnModel(modelNode);
                bpmnBytes=new BpmnXMLConverter().ConvertToXML (model);
                String processName = modelData.getName() + ".bpmn20.
xml";
```

```
            repositoryService.createDeployment().name(model
    Data.getName()).addString(processName, new String(bpmnBytes,
"utf-8")).deploy();
            ServletActionContext.getResponse().sendRedirect
    (ServletActionContext.getRequest().getContextPath()+"/Model!mo
delList.Action");
        } catch (Exception e) {
            e.printStackTrace();
        }
    }
    //导出
    public void export() throws Exception {
        OutputStream res;
        ZipOutputStream zos;
        try {
            Model modelData = repositoryService. getModel
(modelId);
            BpmnJsonConverterjsonConverter=newBpmnJsonConverter();
            JsonNode editorNode = new ObjectMapper().ReadTree
(repositoryService.getModelEditorSource(modelData.getId()));
            BpmnModel bpmnModel = jsonConverter. Convert ToBpmn
Model(editorNode);
            BpmnXMLConverter xmlConverter = new BpmnXML
Converter();
            byte[]bpmnBytes=xmlConverter.ConvertToXML(bpmnModel);
            String filename = bpmnModel. getMain Process(). getId()
+ ".zip";
            preProcess(filename);
            ByteArrayInputStream in=new ByteArrayInput Stream
(bpmnBytes);
            ZipEntry ze = null;
            // 压缩包中的路径和文件名称
            ze = new ZipEntry(bpmnModel. getMainProcess(). getId()
```

```
+ ".bpmn20.xml");
              ze.setSize(bpmnBytes.length);
              ze.setTime(modelData.getCreateTime().getTime());
              zos.putNextEntry(ze);
              IOUtils.copy(in, zos);
             ProcessEngine processEngine= processEngine Configuration.
buildProcessEngine();
             InputStream   imageStream   =   processEngine.getProcess
EngineConfiguration().getProcessDiagramGenerator().generateDiagram(b
pmnModel, "png",
                    Collections.<String>emptyList(),    Collections.
<String>emptyList(),
                       processEngineConfiguration.getActivity
    FontName(),
                       processEngineConfiguration.getLabelFont
    Name(), null,
                       processEngineConfiguration.getClassLoader
    (), 1.0);
              int n = imageStream.available();
              ZipEntry ze1 = null;
              //压缩包中的路径和文件名称
              ze1 = new ZipEntry(bpmnModel. getMainProcess(). getId()
+ ".bpmn20.png");
              ze1.setSize(n);
              ze1.setTime(modelData.getCreateTime().getTime());
              zos.putNextEntry(ze1);
              IOUtils.copy(imageStream, zos);
          } catch (Exception e) {
          }
          afterProcess();
      }
      //删除
      public String delete() {
          repositoryService.deleteModel(modelId);
          return "manageAction";
```

```
    }
    ......
}
```

在 struts.xml 配置文件中配置 Action。

```
<Action name="Model" class="ysl.Action.ModelAction">
    <result name="manage">/workflow/modellist.jsp</result>
    <result name="manageAction" type="redirectAction">
        <param name="ActionName">Model!manage.Action</param>
        <param name="pageNo">${pageNo}</param>
    </result>
</Action>
```

2. 模型管理的视图层设计

在“系统管理”界面，展开左侧的“模型管理”，选择【模型工作区】功能，打开“模型工作区”界面，如图 4-12 所示。在这个界面，可以对单击【编辑】对原有的模型进行编辑，也可以部署模型、导出模型或删除模型。如果需要新创建模型，可以单击【创建】。

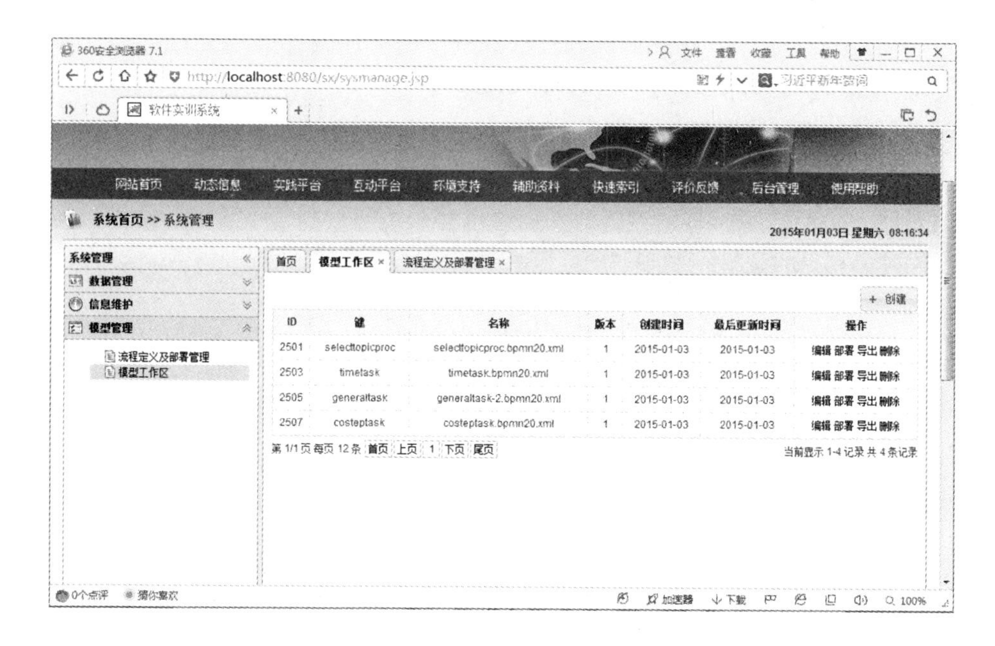

图 4-12　模型工作区界面

modellist.jsp 文件内容如下。

```
<%@page contentType="text/html" pageEncoding="UTF-8"%>
<%@ taglib prefix="c" uri="http://Java.sun.com/jsp/jstl/core" %>
<%@ taglib uri="http://Java.sun.com/jsp/jstl/fmt" prefix="fmt"
%>
<!DOCTYPE html>
<html>
    <head>
        <link rel="stylesheet" type="text/css"
              href="${myurl}/css/themes/smoothness/jquery-ui.
css">
        <link rel="stylesheet" type="text/css" href= "${myurl} /
css/style.css">
        <script src="${myurl}/js/common/jquery-1.8.3.js" type="
text/Javascript">
        </script>
        <script src="${myurl}/js/common/plugins/jui/jquery-ui-
1.9.2.min.js"
                type="text/Javascript"></script>
        <script type="text/Javascript">
            $(function () {
                $('#create').button({
                    icons: {
                        primary: 'ui-icon-plus'
                    }
                }).click(function () {
                    $('#createModelTemplate').dialog({
                        modal: true,
                        width: 500,
                        buttons: [{
                                text: '创建',
                                click: function () {
                                    if (!$('#name').val()) {
                                        alert('请填写名称！');
                                        $('#name').focus();
```

```
                        return;
                    }
                    setTimeout(function () {
                        location.reload();
                    }, 1000);
                    $('#modelForm').submit();
                }
            }]
        });
    });
});
</script>
</head>
<body>
    <%@include file="/WEB-INF/jsp/common/top.jsp" %>
    <div  data-options="region:'center'"  title=" 任 务 列 表 "
style="padding: 10px">
        <div style="text-align: right"><button id="create">创
建</button></div>
        <table class="tablelist" width="100%" cellspacing="0"
cellpadding="2">
            <tr>
                <th>ID</th>
                <th>键</th>
                <th>名称</th>
                <th>版本</th>
                <th>创建时间</th>
                <th>最后更新时间</th>
                <th>操作</th>
            </tr>
            <c:forEach items="${list}" var="model">
                <tr>
                    <td>${model.id }</td>
                    <td>${model.key }</td>
                    <td>${model.name}</td>
```

```
                    <td>${model.version}</td>
                    <td><fmt:formatDatevalue="${model.
createTime}"
                            pattern="yyyy-MM-dd"/></td>
                    <td><fmt:formatDatevalue="${model.last
UpdateTime}"
                            pattern="yyyy-MM-dd"/></td>
                    <td>
                        <a href="${myurl}/modeler.html?modelId=$
{model.id}"
                           target="_blank">编辑</a>
                        <a href="${myurl}/Model!deploy.Action?
modelId=${model.id}">
                        部署</a>
                        <a href="${myurl}/Model!export.Action?
modelId=${model.id}"
                           target="_blank">导出</a>
                        <a href="${myurl}/Model!delete.Action?
modelId=${model.id}">
                        删除</a>
                    </td>
                </tr>
            </c:forEach>
        </table>
    </div>
    <div id="createModelTemplate" title="创建模型" class=
"template">
        <form id="modelForm" Action="${myurl}/Model! addModel.
Action"
                 target="_blank" method="post">
            <table>
                <tr>
                    <td>名称：</td>
                    <td>
                        <input id="name" name="name" type="text"
```

```
/>
                                </td>
                            </tr>
                            <tr>
                                <td>KEY: </td>
                                <td>
                                    <input id="key" name="key" type="text" />
                                </td>
                            </tr>
                            <tr>
                                <td>描述: </td>
                                <td>
                                <textarea id="description" name=" description"
                                            style="width:400px;height: 70px;"
></textarea>
                                </td>
                            </tr>
                        </table>
                    </form>
                </div>
            </body>
        </html>
```

4.3 实训任务建模

实训任务采用 BPMN 2.0 描述，使用 Acticiti-Modeler 工具进行可视化设计。下面介绍的是一般任务、计时任务、并行任务、分步任务的模型设计。

4.3.1 一般任务与确定题目建模

一般任务只需要学生确认任务后，确定题目，再提交作业成果，基本流程如图 4-13 所示。确认任务表示学生已经知道并阅读了作业要求。确定题目的流程如图 4-14 所示。题目分三种类型：指定题目、选择题目、自拟题目。指定题目要求学生根据教师指定的题目完成任务；选择题目要求学生从教师给出的多个题目中选择一个完成任务；自拟题目要求学生根据任务的要求自行确定题目。自拟的题目需要教师审核，审核不通过的题目，还需要进行修改。

图 4-13　一般任务工作流程

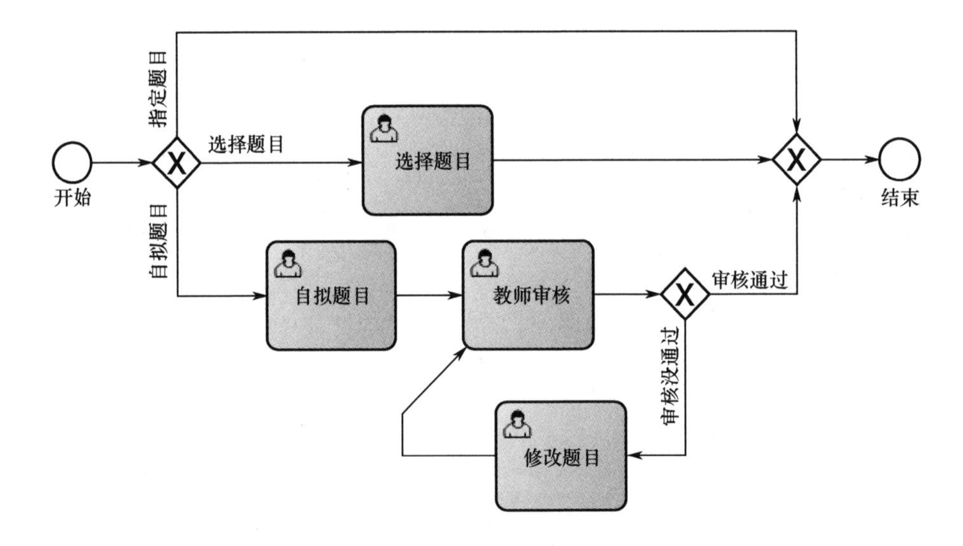

图 4-14　确定题目的流程

一般任务的模型文件的内容如下所示。

```
<?xml version="1.0" encoding="UTF-8"?>
<definitions ...>
 <process id="generaltask" name="generaltask" isExecutable = "true">
   <startEvent id="generaltaskstart" name="开始"></startEvent>
   <userTask id="confirm" name="确认任务" activiti: assignee =
"${student}">
     <documentation>在完成任务前，请先确认任务</documentation>
   </userTask>
   <sequenceFlow id="sid-F29D4BC4-40FF-4014-AAEE-9EFE71378781"
```

```
sourceRef="generaltaskstart" targetRef="confirm"></sequenceFlow>
        <callActivity id="sid-89CFED88-1E66-47C3-A3D2-C366A0BDC38C"
name="确定题目" calledElement="selecttopicproc">
          <extensionElements>
           <activiti:in source="student" target="student"> </activiti:
in>
           <activiti:in source="topicType" target="topicType"> </activiti:
in>
           <activiti:in source="teacher" target="teacher"></activiti:
in>
          </extensionElements>
        </callActivity>
        <sequenceFlow id="sid-8DA14632-C315-49FE-9831-C4B6CCB5723B"
sourceRef="confirm"targetRef="sid-89CFED88-1E66-47C3-A3D2-C366A0BD
C38C"></sequenceFlow>
        <userTask id="submit" name="提交成果" activiti: assignee =
"${student}">
          <documentation>请将任务成果打包后提交</documentation>
        </userTask>
        <sequenceFlow id="sid-1D5336F6-59B5-4745-9027-290BB23903D3"
sourceRef="sid-89CFED88-1E66-47C3-A3D2-C366A0BDC38C"targetRef="sub
mit"></sequenceFlow>
        <endEvent id="generaltaskend" name="结束"></endEvent>
        <sequenceFlow id="sid-9116D1F6-F6A8-43D6-8072-87FB89659266"
sourceRef="submit" targetRef="generaltaskend"></sequenceFlow>
      </process>
    </definitions>
```

其中确定题目节点调研了子流程。确定题目的模型文件内容如下所示：

```
    <?xml version="1.0" encoding="UTF-8"?>
    <definitions ...>
      <process id="selecttopicproc" name="selecttopicproc" is Executable
="true">
        <startEvent id="selecttopicstart" name="开始"></startEvent>
        <exclusiveGatewayid="sid-9ABFF29F-69FF-46BF-944D-F01F67FA1F23">
</exclusiveGateway>
```

```
        <sequenceFlow id="sid-38446A5D-B998-4F1D-A471-84EE0C215813"
sourceRef="selecttopicstart"targetRef="sid-9ABFF29F-69FF-46BF-944D
-F01F67FA1F23"></sequenceFlow>
        <userTask id="selecttopic" name="选择题目" activiti: assignee=
"${student}">
          <documentation>本任务要求你从给出题目中选择一个题目
</documentation>
        </userTask>
        <userTask id="seltopic" name="自拟题目" activiti:assignee=
"${student}">
          <documentation>本任务要求你根据选题的要求自拟题目
</documentation>
        </userTask>
        <exclusiveGatewayid="sid-8D1A4E60-AAEB-4D1F-9DC8-A4BA812E7289">
</exclusiveGateway>
        <sequenceFlow id="sid-409B4DB5-A4E7-4A59-B43A-E56C1B5D078A"
sourceRef="selecttopic"targetRef="sid-8D1A4E60-AAEB-4D1F-9DC8-A4BA
812E7289"></sequenceFlow>
        <userTask id="checktopic" name="教师审核" activiti:assignee=
"${teacher}">
          <documentation>教师对学生的选题进行审核</documentation>
        </userTask>
        <sequenceFlow id="sid-FF7CD057-643B-4642-96A2-D9B7675C997B"
sourceRef="seltopic" targetRef="checktopic"></sequenceFlow>
       <exclusiveGateway id="sid-795B0E52-D4A1-49F9-B13F-EEC69711BF8D">
</exclusiveGateway>
        <sequenceFlow id="sid-7EA11971-0998-40C4-93C5-3E33A7A127E0"
sourceRef="checktopic"targetRef="sid-795B0E52-D4A1-49F9-B13F-EEC69
711BF8D"></sequenceFlow>
        <userTask id="edittopic" name="修改题目" activiti:assignee=
"${student}">
          <documentation>你的选题没有通过审核，需要你根据教师意见进行修改
</documentation>
        </userTask>
        <sequenceFlow id="sid-41484480-7424-4F57-BCC0-5AFF110D2144"
```

```
sourceRef="edittopic" targetRef="checktopic"></sequenceFlow>
       <endEvent id="selecttopicend" name="结束"></endEvent>
       <sequenceFlow id="sid-62B7F15B-1E49-431C-87FB-D7C359E4824D"
sourceRef="sid-8D1A4E60-AAEB-4D1F-9DC8-A4BA812E7289"targetRef="sel
ecttopicend"></sequenceFlow>
       <sequenceFlow id="sid-E4ADD8B7-00D8-41B4-BB8C-436A2350E1D4"
name="审核没通过" sourceRef="sid-795B0E52-D4A1-49F9-B13F- EEC 69711
BF8D" targetRef="edittopic">
         <conditionExpressionxsi:type="tFormalExpression"><![CDATA
[${!pass}]]></conditionExpression>
       </sequenceFlow>
       <sequenceFlow id="sid-3CFD2E7B-E46D-4D62-AFC6-61E4A33332B3"
name="审核通过" sourceRef="sid-795B0E52-D4A1-49F9-B13F-EEC69711BF8D"
targetRef="sid-8D1A4E60-AAEB-4D1F-9DC8-A4BA812E7289">
         <conditionExpressionxsi:type="tFormalExpression"><![CDATA
[${pass}]]></conditionExpression>
       </sequenceFlow>
       <sequenceFlow id="sid-2D107615-0914-4C30-8F94-12896ED6BD49"
name="指定题目" sourceRef="sid-9ABFF29F-69FF-46BF-944D-F01F67FA1F23"
targetRef="sid-8D1A4E60-AAEB-4D1F-9DC8-A4BA812E7289">
         <conditionExpressionxsi:type="tFormalExpression"><![CDATA
[${topicType==0}]]></conditionExpression>
       </sequenceFlow>
       <sequenceFlow id="sid-C7B8DD74-62E2-41F0-B150-B2B32CDF165E"
name="选择题目" sourceRef="sid-9ABFF29F-69FF-46BF-944D-F01F67FA1F23"
targetRef="selecttopic">
         <conditionExpressionxsi:type="tFormalExpression"><![CDATA
[${topicType==1}]]></conditionExpression>
       </sequenceFlow>
   <sequenceFlowid="sid-D9510AAD-E94B-4309-951F-D096DED75273"name="
自 拟 题 目 "  sourceRef="sid-9ABFF29F-69FF-46BF-944D-F01F67FA1F23"
targetRef="seltopic">
         <conditionExpressionxsi:type="tFormalExpression"><![CDATA
[${topicType==2}]]></conditionExpression>
       </sequenceFlow>
```

```
  </process>
</definitions>
```

4.3.2 大型任务建模

大型任务指相对较大的任务，可以独立完成，也可以合作完成。并行完成的任务可以同时进行，分步完成的任务只能按顺序完成。

大型任务需组建团队，学生首先要申请担任组长，不同意担任组长，表示该学生将作为组员参与其他团队，流程结束。同意担任组长，将进入组建团队环节。如果组建的团队只有当前学生自己，没有其他人员，表示该任务将由其独立完成，直接进入确定题目环节。如果有其他成员，将进入教师审核环节。确定题目后，如果是独立完成的分步任务，要求学生按步骤提交成果；如果是独立完成的非分步任务，要求学生直接提交成果；如果是合作完成的任务，还有个分配任务环节，分配任务后，如果是分步任务，要求学生按步骤提交成果；如果是并行任务，要求学生并行提交成功。大型任务基本的流程如图 4-15 所示。

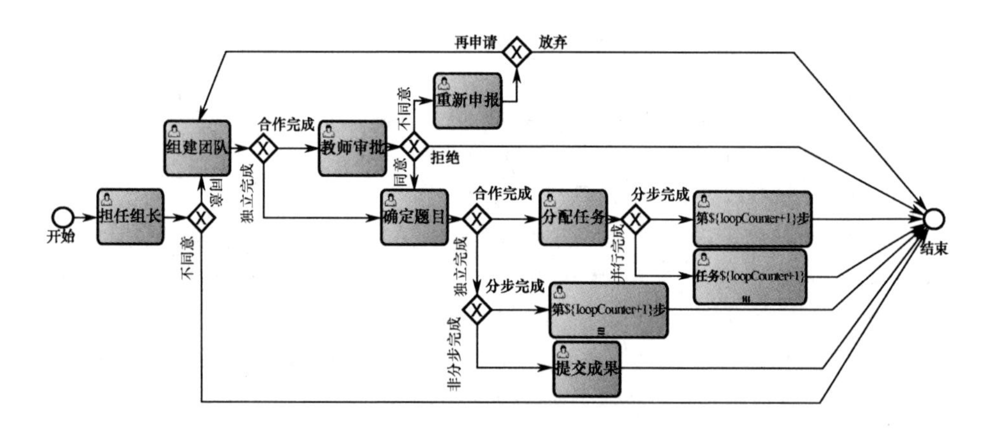

图 4-15　大型任务的工作流程

实训任务的步骤数和任务分工数是不确定的，如何能根据参数动态设定步骤或任务分工数是难点。有两种方案可以实现：一种是采用代码动态创建模型；另一种是通过多实例节点。前者创建模型过多，因步骤数不同或任务分解数不同，需要创建不同的模型，而且难以生成布局较好的流程图形。后者实现比较简单，模型相对稳定。

多实例节点是在业务流程中定义重复环节的一个方法。从开发角度讲，多实例和循环是一样的：它可以根据给定的集合，为每个元素执行一个环节甚至一个完整的子流程，既可以顺序依次执行，也可以并发同步执行。

在 Activiti 的定义中，使用 multiInstanceLoopCharacteristics 元素定义多实例任务。它的 isSequential 属性指定多实例是按照并行或者串行的方式进行[8]。例如：

```
<userTask id="submit1" name="第${loopCounter+1}步" activiti:
assignee="${assign}">
      <documentation>请按任务分工完成你的任务</documentation>
     <multiInstanceLoopCharacteristics isSequential="true" activiti:
collection="${assignList}"activiti:elementVariable="assign"/>
</userTask>
```

其中，activiti:collection 用于指定循环的集合，activiti:elementVariable 用于指定元素变量。在这里，通过流程变量 assignList 设定 assignee 列表。assign 为遍历 assignee 列表的元素变量，此外，通过内部变量 loopCounter 设定当前子任务的名称。

大型任务的模型文件内容如下所示。

```
<?xml version='1.0' encoding='UTF-8'?>
<definitions ...>
  <process  id="costeptask"  name="costeptask"  isExecutable=
"true">
    <startEvent id="cotaskstart" name="开始" activiti:initiator=
"initiator"/>
    <userTask id="applyTeam" name="组建团队" activiti:assignee=
"${assign}"/>
    <userTask id="examination" name="教师审批" activiti:assignee=
"${initiator}"/>
    <userTask id="submit2" name="任务${loopCounter+1}" activiti:
assignee="${assign}">
      <documentation>请按任务分工完成你的任务</documentation>
     <multiInstanceLoopCharacteristics isSequential="false" activiti:
```

```
collection="${assignList}"activiti:elementVariable="assign"/>
        </userTask>
        <callActivity id="selecttopic" name="确定题目" calledElement =
"selecttopicproc">
          <extensionElements>
            <activiti:in source="assign" target="assign"/>
            <activiti:in source="taskId" target="taskId"/>
            <activiti:in source="topicType" target="topicType"/>
            <activiti:in source="initiator" target="initiator"/>
          </extensionElements>
        </callActivity>
        <exclusiveGatewayid="sid-8D8C7246-99D7-424E-BDD4-247C7E15D0D2"
/>
        <userTask id="reapplyTeam" name="重新申报" activiti: assignee=
"${assign}"/>
        <userTask id="allocation" name="分配任务" activiti:assignee=
"${assign}"/>
        <endEvent id="contaskend" name="结束"/>
        <sequenceFlow id="sid-957202C9-B698-4DD0-9A5A-F520E9EEB0E1"
sourceRef="submit2" targetRef="contaskend"/>
        <exclusiveGatewayid="sid-C79435D3-5239-43A0-9636-666F37BF03B0"
/>
        <sequenceFlow id="sid-0472C0CB-616C-4E25-A134-CDFEDA2C3FDC"
sourceRef="reapplyTeam"targetRef="sid-C79435D3-5239-43A0-9636-666F
37BF03B0"/>
        <sequenceFlow id="sid-DC1BC9A0-2F1D-4440-88B7-CB2D5324A8B5"
sourceRef="examination"targetRef="sid-8D8C7246-99D7-424E-BDD4-247C
7E15D0D2"/>
        <exclusiveGatewayid="sid-075AB810-4AAA-4467-9230-362D5E09C0C0"
/>
        <sequenceFlow id="sid-7B308625-02D8-46E5-8C1B-DCB4236E4CBF"
sourceRef="applyTeam"targetRef="sid-075AB810-4AAA-4467-9230-362D5E
09C0C0"/>
        <exclusiveGatewayid="sid-85FA7355-1F05-48B0-BC0D-AA6569E5BABB"
/>
```

```
        <sequenceFlow id="sid-146F0B51-6291-4464-9A09-ED42EADBE65E"
sourceRef="allocation"targetRef="sid-85FA7355-1F05-48B0-BC0D-AA656
9E5BABB"/>
        <userTask id="submit1" name="第${loopCounter+1}步" activiti:
assignee="${assign}">
          <documentation>请按任务分工完成你的任务</documentation>
         <multiInstanceLoopCharacteristics isSequential="true" activiti:
collection="${assignList}"activiti:elementVariable="assign"/>
        </userTask>
        <sequenceFlow id="sid-C2573F82-9C82-4243-AB34-249E770CA770"
sourceRef="submit1" targetRef="contaskend"/>
        <exclusiveGatewayid="sid-6AAD53F2-DAC5-4DC1-8264-2ACB3E4B6CE2"
/>
        <sequenceFlow id="sid-FF89FF4E-ACC3-4C2C-A5ED-A0AA544425BD"
sourceRef="selecttopic"targetRef="sid-6AAD53F2-DAC5-4DC1-8264-2ACB
3E4B6CE2"/>
        <userTask id="submit4" name="提交成果" activiti: assignee=
"${assign}"/>
        <exclusiveGatewayid="sid-DB03426C-2255-4032-9A4A-C9787D59F6C9"
/>
        <userTask id="submit3" name="第${loopCounter+1}步" activiti:
assignee="${assign}">
          <documentation>请按任务分工完成你的任务</documentation>
         <multiInstanceLoopCharacteristics isSequential="true" activiti:
collection="${assignList}"activiti:elementVariable="assign"/>
        </userTask>
        <sequenceFlow id="sid-D4D91227-AD49-4E87-B2E1-B98FB87F0B54"
name="合作完成" sourceRef="sid-075AB810-4AAA-4467-9230-362D5E09C0C0"
targetRef="examination">
          <conditionExpressionxsi:type="tFormalExpression"><![CDATA
[${teamNum>1}]]></conditionExpression>
        </sequenceFlow>
        <sequenceFlow id="sid-D1D86620-A5AA-4CCA-B860-1085E86A1130"
name="独立完成" sourceRef="sid-075AB810-4AAA-4467-9230-362D5E09C0C0"
targetRef="selecttopic">
```

```
            <documentation>${teamNum==1}</documentation>
        </sequenceFlow>
        <sequenceFlow id="sid-41A2DA88-7D50-4E65-AE69-60DBB06DA3C1"
name="合作完成" sourceRef="sid-6AAD53F2-DAC5-4DC1-8264-2ACB3E4B6CE2"
targetRef="allocation">
            <conditionExpressionxsi:type="tFormalExpression"><![CDATA
[${teamNum>1}]]></conditionExpression>
        </sequenceFlow>
        <sequenceFlow id="sid-B715D803-D528-4F7B-902B-CAF60BED4865"
sourceRef="submit3" targetRef="contaskend"/>
        <sequenceFlow id="sid-41226D0E-A85D-412E-A689-1D7C4974FAAD"
sourceRef="submit4" targetRef="contaskend"/>
        <sequenceFlow id="sid-3B7ED84A-D39B-4098-B49C-B22A9314C5B7"
name="并行完成" sourceRef="sid-85FA7355-1F05-48B0-BC0D-AA6569E5BABB"
targetRef="submit2">
            <conditionExpressionxsi:type="tFormalExpression"><![CDATA
[${subType==3}]]></conditionExpression>
        </sequenceFlow>
        <sequenceFlow id="sid-8C040C81-3BF6-4099-B976-B3FF34A37531"
name="分步完成" sourceRef="sid-85FA7355-1F05-48B0-BC0D-AA6569E5BABB"
targetRef="submit1">
            <conditionExpressionxsi:type="tFormalExpression"><![CDATA
[${subType==0}]]></conditionExpression>
        </sequenceFlow>
        <sequenceFlow id="sid-B241F432-59BE-4FE4-9685-AB2A4C245F66"
name="分步完成" sourceRef="sid-DB03426C-2255-4032-9A4A-C9787D59F6C9"
targetRef="submit3">
            <conditionExpressionxsi:type="tFormalExpression"><![CDATA
[${subType==0}]]></conditionExpression>
        </sequenceFlow>
        <sequenceFlow id="sid-A7D46700-74BA-4139-B2B0-9604A3486C1C"
name="非分步完成" sourceRef= "sid-DB03426C-2255- 4032-9A4A -C9787 D59
F6C9" targetRef="submit4">
            <conditionExpressionxsi:type="tFormalExpression"><![CDATA
[${subType==3}]]></conditionExpression>
```

```
        </sequenceFlow>
        <sequenceFlow id="sid-272A3058-6949-45FB-BF58-DDA9BB0316BB"
name="独立完成" sourceRef="sid-6AAD53F2-DAC5-4DC1-8264-2ACB3E4B6CE2"
targetRef="sid-DB03426C-2255-4032-9A4A-C9787D59F6C9">
          <conditionExpressionxsi:type="tFormalExpression"><![CDATA
[${teamNum==1}]]></conditionExpression>
        </sequenceFlow>
        <sequenceFlow id="sid-6B6E5B69-3147-4A20-A677-86B0AA390A9D"
name="再申请" sourceRef="sid-C79435D3-5239-43A0-9636-666F37BF03B0"
targetRef="applyTeam">
          <conditionExpressionxsi:type="tFormalExpression"><![CDATA
[${apply}]]></conditionExpression>
        </sequenceFlow>
        <userTask id="ashead" name="担任组长" activiti: assignee =
"${assign}"/>
        <exclusiveGatewayid="sid-5F4DE884-4F0A-4C97-A0ED-F8FD2C308203"
/>
        <sequenceFlow id="sid-2C971936-E8D3-4FAB-918A-1456BD8030D1"
sourceRef="cotaskstart" targetRef="ashead"/>
        <sequenceFlow id="sid-81B84CFA-483A-4149-BB1A-535620700C9D"
sourceRef="ashead"targetRef="sid-5F4DE884-4F0A-4C97-A0ED-F8FD2C308
203"/>
        <sequenceFlow id="sid-AF4A9C6A-81C2-4B44-BD2D-90C965E524D7"
name="放弃" sourceRef="sid-C79435D3-5239-43A0-9636-666F37BF03B0"
targetRef="contaskend">
          <conditionExpressionxsi:type="tFormalExpression"><![CDATA
[${!apply}]]></conditionExpression>
        </sequenceFlow>
        <sequenceFlow id="sid-53847229-5328-40B1-AFC2-8F7F03590EB8"
name="拒绝" sourceRef="sid-8D8C7246-99D7-424E-BDD4-247C7E15D0D2"
targetRef="contaskend">
          <conditionExpressionxsi:type="tFormalExpression"><![CDATA
[${pass==-1}]]></conditionExpression>
        </sequenceFlow>
        <sequenceFlow id="sid-92F09442-AF65-4DC9-8375-A8B388B85E58"
```

```
name=" 同 意 "  sourceRef="sid-8D8C7246-99D7-424E-BDD4-247C7E15D0D2"
targetRef="selecttopic">
        <conditionExpressionxsi:type="tFormalExpression"><![CDATA
[${pass==1}]]></conditionExpression>
      </sequenceFlow>
      <sequenceFlow id="sid-3D51FC54-CE9A-4EA2-AE72-76C5B969C39D"
name="不同意" sourceRef="sid-8D8C7246-99D7-424E-BDD4-247C7E15D0D2"
targetRef="reapplyTeam">
        <conditionExpressionxsi:type="tFormalExpression"><![CDATA
[${pass==0}]]></conditionExpression>
      </sequenceFlow>
      <sequenceFlow id="sid-D35E75BB-7AC6-4B08-B6F1-3119D12A0854"
name=" 同 意 "  sourceRef="sid-5F4DE884-4F0A-4C97-A0ED-F8FD2C308203"
targetRef="applyTeam">
        <conditionExpressionxsi:type="tFormalExpression"><![CDATA
[${agree}]]></conditionExpression>
      </sequenceFlow>
      <sequenceFlow id="sid-63DBDCF5-83EA-4EE7-9ABF-E120E81043BB"
name="不同意" sourceRef="sid-5F4DE884-4F0A-4C97-A0ED-F8FD2C308203"
targetRef="contaskend">
        <conditionExpressionxsi:type="tFormalExpression"><![CDATA
[${!agree}]]></conditionExpression>
      </sequenceFlow>
    </process>
  </definitions>
```

4.3.3 计时任务建模

计时任务需要学生在指定的时间内完成任务。计时任务只能指定题目。如图 4-16 所示，确认任务后，进入提交成果环节。如果在给定的时间内，学生没有提交成果，系统通过服务任务自动记录超时次数，并进入补交阶段。这时学生若申请补交，给定申请的时间为原提交任务时间的一半。如果在这个时间内，没有申请，系统自动结束任务流程。如果申请补交，申请补交后，教师如果拒绝，将结束任务流程；教师如果同意，重新开始一个新的周期。如果不申请补交（放弃），将结束任务流程。

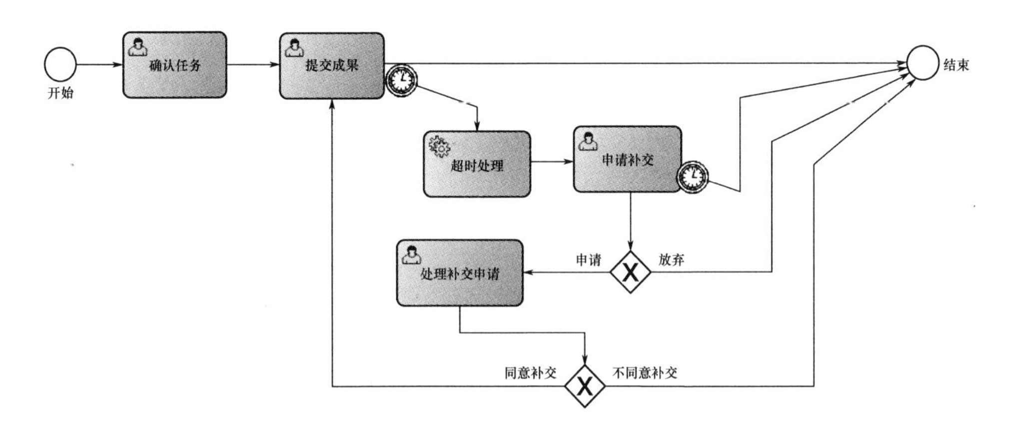

图 4-16　计时任务

计时任务采用定时边界事件实现[9]，模型文件内容如下所示。

```
<?xml version='1.0' encoding='UTF-8'?>
<definitions ...>
  <process id="timetask" name="timetask" isExecutable="true">
    <startEvent id="timetashstart" name="开始" activiti: initiator=
"initiator"/>
    <userTask id="submit" name="提交成果" activiti: assignee=
"${assign}">
      <documentation>请按时提交您的任务成果</documentation>
    </userTask>
    <serviceTask id="outtimedeal" name="超时处理" activiti:
delegateExpression="${outTimeHandlerr}">
      <documentation>没按时提交，将累计超时次数</documentation>
    </serviceTask>
    <exclusiveGateway id="exclusiveGateway1"/>
    <endEvent id="timetaskend" name="结束"/>
    <userTask id="confirm" name="确认任务" activiti: assignee=
"${assign}"/>
    <sequenceFlow id="sid-E85BA3E5-B9D1-453F-BAE6-284999B711D5"
```

```
sourceRef="timetashstart" targetRef="confirm"/>
        <sequenceFlowid="sequenceFlow-21898ea5-4157-4282-a077-7156c
7ca5e36" sourceRef="boundarytimer1" targetRef="outtimedeal"/>
        <userTask id="apply" name="申请补交" activiti: assignee=
"${assign}">
          <documentation>你没有按时提交你的作业，若想补交，可尽快申请补交
</documentation>
        </userTask>
        <sequenceFlowid="sequenceFlow-843dc5a6-5c8e-4c61-8512-97ec7cc
7968a" sourceRef="outtimedeal" targetRef="apply"/>
        <exclusiveGatewayid="sid-A4EDBD7A-E328-4488-AEBA-EED0D6FF0943"
/>
        <sequenceFlow id="sid-9213B37F-CFDE-4BC8-9A49-417C0BB88D41"
sourceRef="apply"targetRef="sid-A4EDBD7A-E328-4488-AEBA-EED0D6FF09
43"/>
        <sequenceFlowid="sequenceFlow-31974624-88f2-4c9d-91fa-2d908f8c
276c" sourceRef="submit" targetRef="timetaskend"/>
        <userTask id="dealApply" name="处理补交申请" activiti:
assignee="${initiator}">
          <documentation>教师对学生提出补交的理由进行审核，决定是否给予补交
机会</documentation>
        </userTask>
        <sequenceFlow id="sid-17AECB45-CC6A-4D87-A089-00A00E0455E1"
sourceRef="dealApply" targetRef="exclusiveGateway1"/>
        <sequenceFlow id="sid-4A3C7C5F-2FB5-4F4A-A485-073DD0F0D5F0"
sourceRef="sid-BA2C4FA1-81C3-4685-B721-7A740E63DA37"targetRef="tim
etaskend"/>
        <sequenceFlow id="agree" name="同意补交" sourceRef =
"exclusiveGateway1" targetRef="submit">
          <conditionExpressionxsi:type="tFormalExpression"><![CDATA
[${pass}]]></conditionExpression>
        </sequenceFlow>
       <sequenceFlow id="willapply" name="申请" sourceRef= "sid-A4EDBD7A
-E328-4488-AEBA-EED0D6FF0943" targetRef="dealApply">
          <conditionExpressionxsi:type="tFormalExpression"><![CDATA
```

```
[${apply}]]></conditionExpression>
        </sequenceFlow>
        <sequenceFlow  id="abandon"  name=" 放 弃 "  sourceRef=  "sid-
A4EDBD7A-E328-4488-AEBA-EED0D6FF0943" targetRef="timetaskend">
          <conditionExpressionxsi:type="tFormalExpression"><![CDATA
[${!apply}]]></conditionExpression>
        </sequenceFlow>
        <sequenceFlow id="sid-F2BF416B-98D5-4604-927E-7E8B0BE13803"
sourceRef="confirm" targetRef="submit"/>
        <boundaryEvent  id="boundarytimer1"  attachedToRef="submit"
cancelActivity="false">
          <timerEventDefinition>
            <timeDate>${time1}</timeDate>
          </timerEventDefinition>
        </boundaryEvent>
        <sequenceFlow  id="reject"  name=" 不 同 意 补 交 "  sourceRef=
"exclusiveGateway1" targetRef="timetaskend">
          <conditionExpressionxsi:type="tFormalExpression"><![CDATA
[${!pass}]]></conditionExpression>
        </sequenceFlow>
        <boundaryEventid="sid-BA2C4FA1-81C3-4685-B721-7A740E63DA37"
attachedToRef="apply" cancelActivity="true">
          <timerEventDefinition>
            <timeDate>${time2}</timeDate>
          </timerEventDefinition>
        </boundaryEvent>
      </process>
    </definitions>
```

参 考 文 献

[1] BPMN2.0[EB/OL]. [2015-01-12]. http://www.cnblogs.com/Javaleon/p/4220027.html.

[2] jBPM 4.4 开发指南[EB/OL].[2009-11-01]. http://www.mossle.com/docs/ jbpm4devguide/

html/index.html.

[3] 杨恩雄. 疯狂 Workflow 讲义：基于 Activiti 的工作流应用开方[M]. 北京：电子工业出版社，2014.

[4] Activiti 工作流之用户任务分配[EB/OL].[2016-06-15]. http://blog.csdn.net/hiyohu/article/details/51683318.

[5] 集成新版(5.17+)Activiti Modeler 与 Rest 服务[EB/OL].[2009-11-01]. http://blog. csdn.net/hj7jay/article/details/50781102.

[6] Activiti-5.21.0 modeler 整合[EB/OL].[2016-07-25]. http://www.92sq.com/detail/14.

[7] Activiti Explorer 中文汉化[EB/OL].[2012-09-30]. http://www.kafeitu.me/activiti/ 2012/ 09/30/activiti-explorer-i18n-for-chinese.html?utm_source=tuicool&utm_medium=referral.

[8] Yang Shulin,Hu Jieping.Design of Task Workflow Based on Activiti Technology[J].The 3rd International Conference on Mechanical,Information and Industrial Engineering,2014.

[9] Hu Jieping,Yang Shulin.Design and implementation of timing tasks based on Avtivti5 Workflow Technology[J].The 2015 International Conference on Mechanical, Electronic and Information Technology Engineering,2015.

第 5 章

流程管理与任务驱动

本章介绍了流程管理、实训任务的管理、实训任务驱动、任务跟踪图的显示等内容。

5.1 流程管理

5.1.1 流程管理的控制层设计

这里所说的流程是已部署的流程，即定义的流程。Activiti 中每一个不同版本的业务流程的定义都需要使用一些定义文件、部署文件和支持数据（例如，BPMN2.0 XML 文件、表单定义文件、流程定义图像文件等)，这些文件都存储在 Activiti 内建的 Repository 中。RepositoryService 提供了对 Repository 的存取服务[1]。

流程管理主要是实现对流程的管理、部署、资源读取、删除、转换模型以及挂起和激活等功能。SxProcessAction 主要的方法有：

```
    //管理，即查询流程定义列表，转发到管理界面
    public String manage() throws Exception {
        plist = new ArrayList<Object[]>();
        ProcessDefinitionQuery processDefinitionQuery = repository
Service.createProcessDefinitionQuery().orderByDeploymentId().desc();
        List<ProcessDefinition> processDefinitionList = process
DefinitionQuery.listPage((pageNo - 1) * PAGE_SIZE, PAGE_SIZE);
        for (ProcessDefinition processDefinition : process Definition
```

```
List) {
            String deploymentId1 = processDefinition. Get Deployment
Id();
            Deployment deployment = repositoryService. Create Deplo
ymentQuery().deploymentId(deploymentId1).singleResult();
            plist.add(new Object[]{processDefinition, deployment});
        }
        return "manage";
    }
    //根据模型文件，部署流程
    public String deploy() throws Exception {
        String fileName = uploadFileName;
        InputStream fileInputStream = new FileInput Stream (upload);
        Deployment deployment;
        String extension = FilenameUtils.getExtension(fileName);
        if (extension.equals("zip") || extension.equals("bar")) {
            ZipInputStream zip = new ZipInputStream (fileInput
Stream);
            deployment=repositoryService.createDeployment().addZip
InputStream(zip).deploy();
        } else {
            deployment = repositoryService.createDeployment(). add
InputStream(fileName, fileInputStream).deploy();
        }
        return "Action-list";
    }
    //通过部署 ID 读取资源
    public void loadByDeployment() throws Exception {
        ProcessDefinition processDefinition = repositoryService.
createProcessDefinitionQuery().processDefinitionId(processDefiniti
onId).singleResult();
        String resourceName = "";
        if (resourceType.equals("image")) {
            resourceName=processDefinition.getDiagramResourceName();
        } else if (resourceType.equals("xml")) {
            resourceName = processDefinition.getResourceName();
        }
```

```
        InputStream resourceAsStream = repositoryService. getResource
AsStream(processDefinition.getDeploymentId(),resourceName);
        byte[] b = new byte[1024];
        int len;
        while ((len = resourceAsStream.read(b, 0, 1024)) != -1) {
            ServletActionContext.getResponse().getOutputStream().
write(b,0, len);
        }
    }
    //通过流程 ID 读取资源
    public void loadByProcessInstance() throws Exception {
        InputStream resourceAsStream = null;
        ProcessInstance processInstance = runtimeService. Create
ProcessInstanceQuery().processInstanceId(processInstanceId).single
Result();
        ProcessDefinition processDefinition = repositoryService.
createProcessDefinitionQuery().processDefinitionId(processInstance
.getProcessDefinitionId()) .singleResult();
        String resourceName = "";
        if (resourceType.equals("image")) {
            resourceName = processDefinition. getDiagram Resource
Name();
        } else if (resourceType.equals("xml")) {
            resourceName = processDefinition.getResourceName();
        }
        resourceAsStream = repositoryService. getResourceAsStream
(processDefinition.getDeploymentId(), resourceName);
        byte[] b = new byte[1024];
        int len;
        while ((len = resourceAsStream.read(b, 0, 1024)) != -1) {
            ServletActionContext.getResponse().getOutputStream().
write(b, 0, len);
        }
    }
    //流程转为模型
    public void convertToModel() throws Exception {
        try {
```

```
            ProcessDefinition processDefinition = repository Service.
createProcessDefinitionQuery().processDefinitionId(processDefiniti
onId).singleResult();
            InputStream bpmnStream = repository Service. Get Resource
AsStream(processDefinition.getDeploymentId(),processDefinition.get
ResourceName());
            XMLInputFactory xif = XMLInputFactory.newInstance();
            InputStreamReader in = new InputStreamReader(bpmnStream,
"UTF-8");
            XMLStreamReader xtr = xif.createXMLStreamReader(in);
            BpmnModel bpmnModel = new BpmnXMLConverter(). Convert
ToBpmnModel(xtr);
            BpmnJsonConverter converter = new BpmnJsonConverter();
            ObjectNode   modelNode   =   converter.convert   ToJson
(bpmnModel);
            Model modelData = repositoryService.newModel();
            modelData.setKey(processDefinition.getKey());
            modelData.setName(processDefinition.getResourceName());
            modelData.setCategory(processDefinition.getDeploymentId
());
            ObjectNode modelObjectNode = new ObjectMapper(). Create
ObjectNode();
            modelObjectNode.put(ModelDataJsonConstants.MODEL_NAME,
processDefinition.getName());
            modelObjectNode.put(ModelDataJsonConstants.MODEL_REVISION,
1);
            modelObjectNode.put(ModelDataJsonConstants.MODEL_DESCRIPT
ION, processDefinition.getDescription());
            modelData.setMetaInfo(modelObjectNode.toString());
            repositoryService.saveModel(modelData);
            repositoryService.addModelEditorSource(modelData.getId
(), modelNode.toString().getBytes("utf-8"));
        } catch (Exception e) {
        }
    }
    //流程定义的挂起、激活流程实例
    public String updateState() throws Exception {
        result = new HashMap();
```

```
        try {
            if (state.equals("active")) {
              repositoryService.activateProcessDefinitionById(process
DefinitionId,true,null);
            } else if (state.equals("suspend")) {
              repositoryService.suspendProcessDefinitionById(process
DefinitionId,true,null);
            }
            result.put("success", "ok");
        } catch (Exception e) {
           result.put("error", "操作失败");
        }
        return "result";
    }
```

5.1.2 流程管理的视图层设计

如图 5-1 所示，可以浏览已经部署的流程。单击【部署流程】可以部署流程。单击【XML】或【图示】，可以查看 xml 文件和图示。单击【挂起】可以挂起流程。挂起后，“挂起”文字变成“激活”，再单击，可以激活流程。

图 5-1　流程管理

5.2 实训任务的管理

5.2.1 实训任务管理的控制层设计

实训任务的管理用于浏览、添加、修改、删除、发布实训任务。控制层的主要方法如下所示。

```
//管理
public String manage() throws Exception {
    if (ugroupId == null) {
        YslUserGroup group = userGroupService. findUserGroupById
(super.getUser().getUgroup().getGroupId());
        if (group.getGroups().size() > 0) {
            ugroupId = group.getGroups().get(0).getGroupId();
        } else {
            ugroupId = "wwwww";
        }
    }
    plist = sxWorkService.findWorkesByPage(this.getDgroupId(),
ugroupId,this.getUser().getUgroup().getGroupId(),this.getTypeId(),
            this.getTitle(), this.getPageInfo());
    return "manage";
}
// 添加
public String doAdd() throws Exception {
    result = new YslResult();
    try {
        YslUser user = (YslUser) this.getUser();
        YslDataGroup dg = new YslDataGroup();
        dg.setGroupId(this.getDgroupId());
        if (work.getTopicType() == null) {
            work.setTopicType(0);
        }
        if (pid == null) {
            SxTopic t;
```

```
                if (work.getTopicType() == 0 || work.getTopicType()
== 1) {
                    String sids[] = topic.split("#");
                    for (int i = 0; i < sids.length; i++) {
                        Integer m=Integer.parseInt(sids[i]);
                        t = sxTopicService.findTopic(m);
                        System.out.println("AAAA:"+sids[i]);
                        System.out.println(m);
                        System.out.println(t==null);
                        work.getTopiclist().add(t);
                    }
                }
            }
            work.setDgroup(dg);
            work.setUserId(user.getUserId());
            work.setUserName(user.getUserName());
            work.setUserRName(user.getUserRName());
            work.setPublishTime(work.getCreateTime());
            sxWorkService.addWork(work, pid);
            result.setSuccess(work.getId() + "");
        } catch (Exception e) {
            e.printStackTrace();
            result.setErrorMsg(e.getMessage());
        }
        if (pid != null) {
            return "result";
         } else {
            return "manageAction";
         }
    }
    public String deleteOne() {
        result = new YslResult();
        try {
            //SxWork empt = sxWorkService.findWork(work.getId());
```

```
            sxWorkService.deleteWork(this.getId());
            result.setSuccess("ok");
        } catch (Exception e) {
            e.printStackTrace();
            result.setErrorMsg(e.getMessage());
        }
        return "result";
    }
    public String deleteSome() {
        result = new YslResult();
        try {
            sxWorkService.deleteWorkes(ids.split(","));
            result.setSuccess("ok");
        } catch (Exception e) {
           result.setErrorMsg(e.getMessage());
        }
        return "result";
    }
    // 教师用(查看成绩)
    public String showScore() throws Exception {
        if (ugroupId == null) {
            YslUserGroup group = userGroupService. findUserGroupById
(super.getUser().getUgroup().getGroupId());
            if (group.getGroups().size() > 0) {
                ugroupId = group.getGroups().get(0).getGroupId();
            } else {
                ugroupId = "wwww";
            }
        }
        plist = sxWorkService.findWorkesByPage(this.getDgroupId(),
ugroupId,this.getUser().getUgroup().getGroupId(),"",this.getTitle(
), this.getPageInfo());
        return "manage1";
    }
```

```
    // 修改后保存
    public String doSave() throws Exception {
        SxWork work = sxWorkService.findWork(work.getId());
        work.setContent(work.getContent()); // 内容
        work.setTitle(work.getTitle()); // 标题
        work.setAnswerTimeNum(work.getAnswerTimeNum());
        work.setTimeUnit(work.getTimeUnit());// 时间单位
        work.setSubtype(work.getSubtype());
        work.setTopicType(work.getTopicType());
        work.getTopiclist().clear();
        SxTopic t;
        if (work.getTopicType() == 0 || work.getTopicType() == 1) {
            String sids[] = topic.split("|");
            for (int i = 0; i < sids.length; i++) {
                t=sxTopicService.findTopic(Integer.parseInt(sids[i]
));
                work.getTopiclist().add(t);
            }
        }
        sxWorkService.editWork(work);
        return "manageAction";
    }
    // 要修改
    public String willEdit() throws Exception {
        work = sxWorkService.findWork(this.getId());
        return "willedit";
    }
    // 要修改步骤
    public String willEdit1() throws Exception {
        work = sxWorkService.findWork(this.getId());
        return "willedit1";
    }
    // 查看
    public String show() throws Exception {
```

```
        work = sxWorkService.findWork(this.getId());
        return "show";
    }
```

5.2.2　实训任务管理的视图层设计

在实训任务管理界面，可以添加、修改、删除、查看、查询、发布实训任务，如图 5-2 所示。在添加任务前，要从下拉列表中先选择用户组。

图 5-2　实训任务管理界面

每个任务包含标题、题目和要求。标题指此任务的标题，比如“第二次实验任务”；题目指要完成任务的具体题目，例如，设计登录页和注册页。题目分三种类型：指定题目、选择题目、自拟题目。指定题目需在添加任务时从单选题目选择一个；选择题目需在添加任务时从复选题目中选择至少两个题目，供学生选择；自拟题目，在添加任务书时无须输入题目，而是由学生自己根据任务的要求自行确定题目。对于计时任务只有一种题目类型，即指定题目。若任务的题目类型为“选择题目”，界面如图 5-3 所示。可以从复选题目中选择至少两个题目，供学生选择。

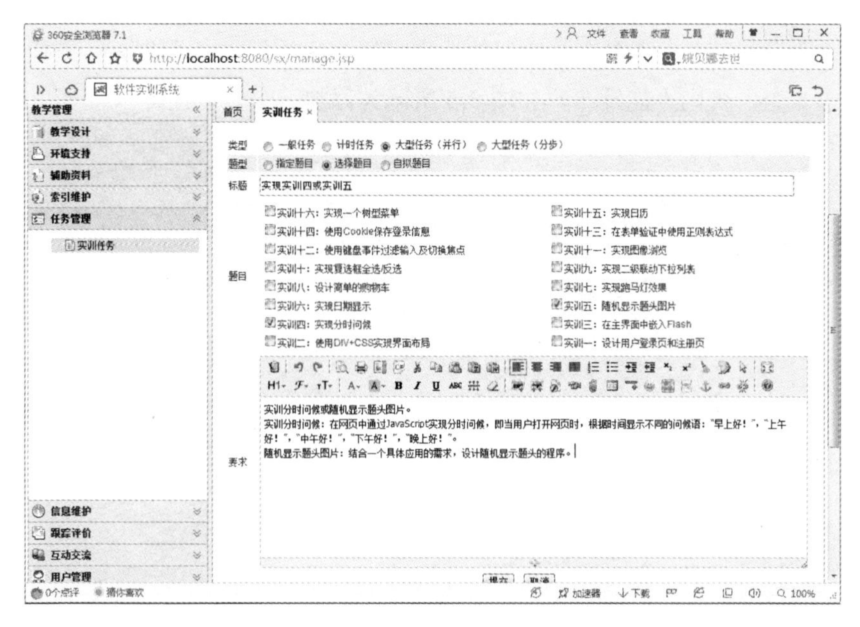

图 5-3　题目类为“选择题目”的界面

计时任务需要学生在指定的时间内完成任务。添加计时任务的界面如图 5-4 所示。

图 5-4　添加计时任务的界面

对于分步任务，需要在添加任务后定义每一步的任务（子任务），子任务不能少于 2 个，否则不能发布。如图 5-5 所示为添加一个分步任务。

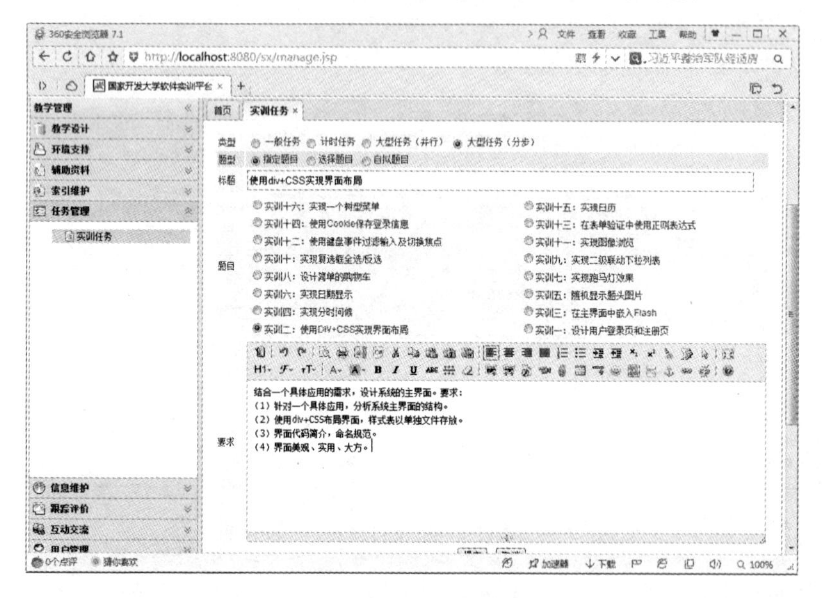

图 5-5　添加分步任务

添加完分步任务后，分步任务的标题左侧有个加号，单击后，展开了子任务管理界面，如图 5-6 所示。单击【添加步骤】即可添加子任务。

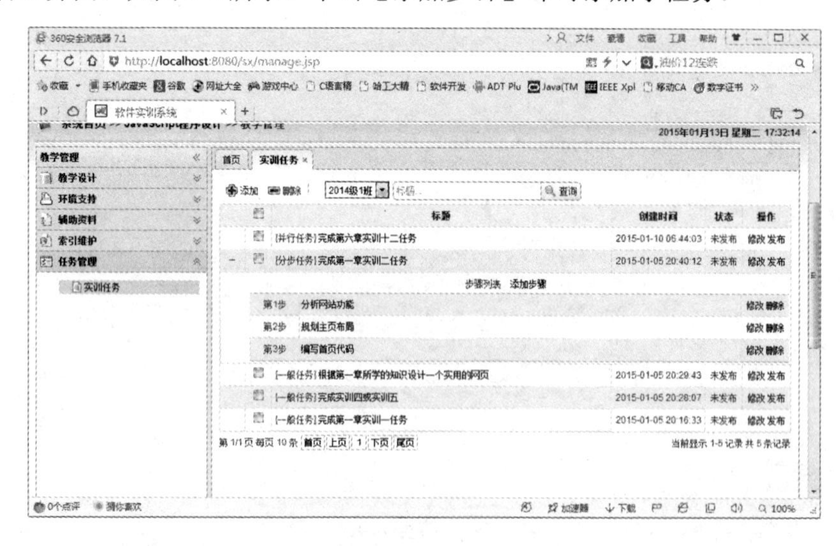

图 5-6　添加子任务后的界面

添加分步任务后，单击任务标题，查看任务界面如图 5-7 所示。

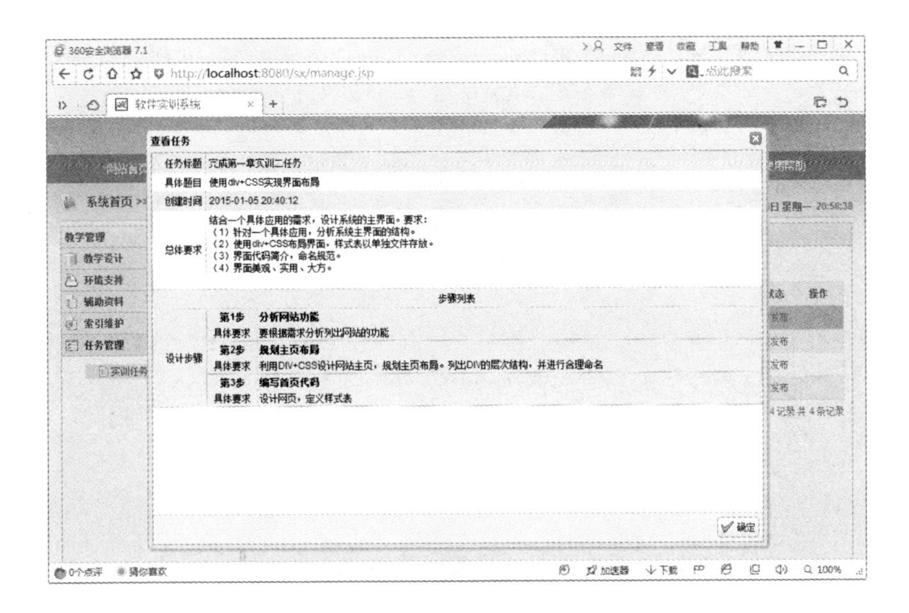

图 5-7　查看任务界面

并行任务不需要定义子任务，子任务是在任务执行过程中由组长分配。

添加任务后，要单击【修改】可以修改任务，单击【发布】正式发布任务。发布后的任务不能再修改。

5.3　实训任务驱动

5.3.1　实训任务驱动的控制层设计

任务驱动是指在启动任务流程后，以图形界面的方式呈现当前阶段状态，辅助用户完成当前的任务。任务驱动的控制层为 SxTaskAction。主要的方法是：

```
//发布作业，即启动流程
public String startWorkflow() {
    result = new YslResult();
    try {
        YslUser user = this.getUser();
```

```
        work = sxWorkService.findWork(workId);
        //一般作业或记时作业，直接启动流程
        if (work.getSubtype() == 3 || work.getSubtype() == 0) {
            int n = work.getWorks().size();
            if (work.getSubtype() == 0 && n < 2) {
                result.setErrorMsg("没有添加步骤，或步骤少于2！");
                return "result";
            }
        }
        List<SxUser> userlist = sxUserService.findAllUsers (this.
getDgroupId(),work.getUgroup().getGroupId());
        Integer w = work.getSubtype();
        String flowName = null;
        switch (w) {
            case 1:
                flowName = "generaltask";
                break;
            case 2:
                flowName = "timetask";
                break;
            default:
                flowName = "costeptask";
                break;
        }
        Map<String, Object> variables;
        for (SxUser u : userlist) {
            task = new SxTask();
            task.setWork(work);
            task.setUserNo(u.getUserNo());
            task.setUserId(u.getUserId());
            task.setUserName(u.getUserName());
            task.setUserRName(u.getUserRName());
            task.setDgroup(work.getDgroup());
            if (work.getTopicType().intValue() == 0) {
                task.setTitle(work.getTopiclist().get(0).getTitle
```

```
());
                task.setTopicIndex(0);
            }
            task.setCreateTime(YslCommonUtil.getDateTime());
            task.setType(work.getType());
            task.setStartTime(task.getCreateTime());
            Map<String, SxTaskResult> map = new HashMap<String,
SxTaskResult>();
            SxTaskResult sr = new SxTaskResult();
            sr.setTask(task);
            sr.setKey(u.getUserId() + "");
            sr.setTaskTitle(work.getTitle());
            sr.setTaskContent(work.getContent());
            sr.setUserId(u.getUserId());
            sr.setUserNo(u.getUserNo());
            sr.setUserName(u.getUserName());
            sr.setUserRName(u.getUserRName());
            sr.setOrder(1);
            map.put("" + u.getUserId(), sr);
            task.setResults(map);
            task.setOuttimenum(0);
            task.setStartTime(task.getCreateTime());
            task = sxTaskService.addTask(task);
            variables = new HashMap<String, Object>();
            variables.put("topicType", work.getTopicType());
            variables.put("subType", work.getSubtype());
            variables.put("assign", u.getUserId().toString());
            variables.put("content", work.getContent());
            variables.put("taskId", task.getId());
            if (work.getSubtype() == 2) {
                variables.put("time1", task.time1());
                variables.put("time2", task.time2());
            }
            identityService.setAuthenticatedUserId(user.getUser
Id().toString());
```

```
                // 用来设置启动流程的人员 ID，引擎会自动把用户 ID 保存到
activiti:initiator 中
                runtimeService.startProcessInstanceByKey(flowName,
task.getId() + "", variables);//pd.getKey(), businessKey, variables
            }
            work.setPublishTime(YslCommonUtil.getDateTime());
            work.setState(1);
            sxWorkService.editWork(work);
            result.setSuccess("ok");
        } catch (Exception e) {
            e.printStackTrace();
            result.setErrorMsg(e.getMessage());
        }
        return "result";
    }
```

其他方法是任务执行到不同阶段的处理方法。例如，确认任务的处理方法如下所示。

```
        //确认
        public String confirm() throws Exception {
            result = new YslResult();
            try {
                task = sxTaskService.findTask(this.getId());
                work = sxWorkService.findWork(workId);
                Map<String, Object> variables = new HashMap<String,
Object>();
                if (work.getTopicType() == 0) {
                    task.setTitle(work.getTopic());
                    sxTaskService.editTask(task);
                }
                taskService.complete(taskId, variables);
                result.setSuccess("ok");
            } catch (Exception e) {
                e.printStackTrace();
                result.setErrorMsg(e.getMessage());
            }
            return "result";
        }
```

5.3.2 实训任务驱动的视图层设计

与当前用户相关的任务列表如图 5-8 所示。在该界面，可单击任务标题查看任务。单击【查看流程图】可查看任务工作流图。该界面呈现了任务的当前阶段。

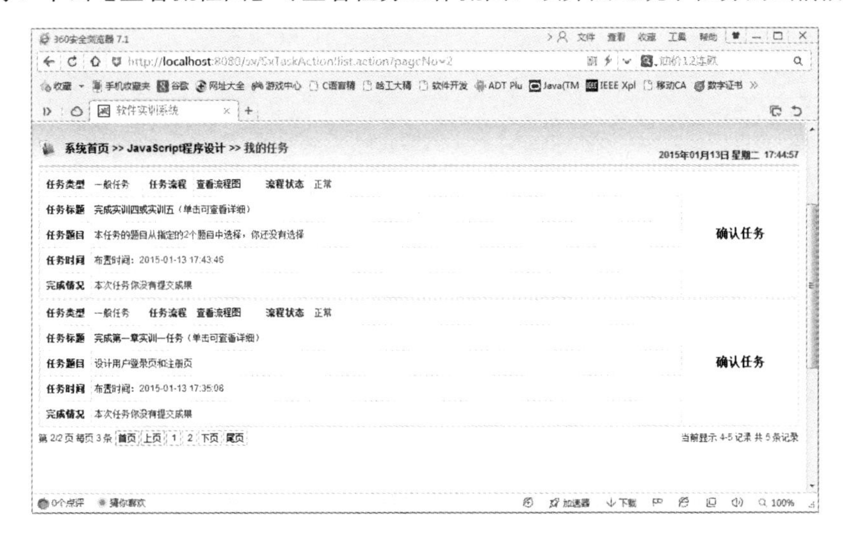

图 5-8 我的任务

任务流程的不同阶段，显示不同的界面，比如确认任务后，进入提交成果阶段，如图 5-9 所示。单击【提交成果】出现如图 5-10 所示的交互界面。

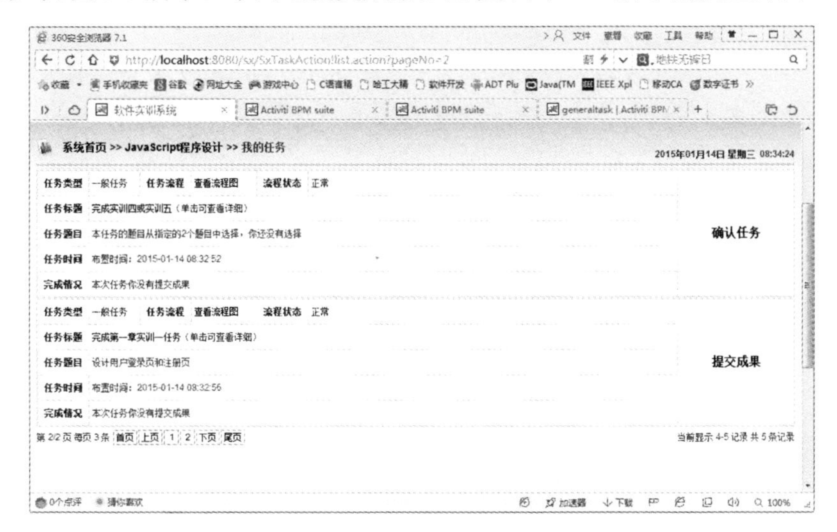

图 5-9 确认任务后

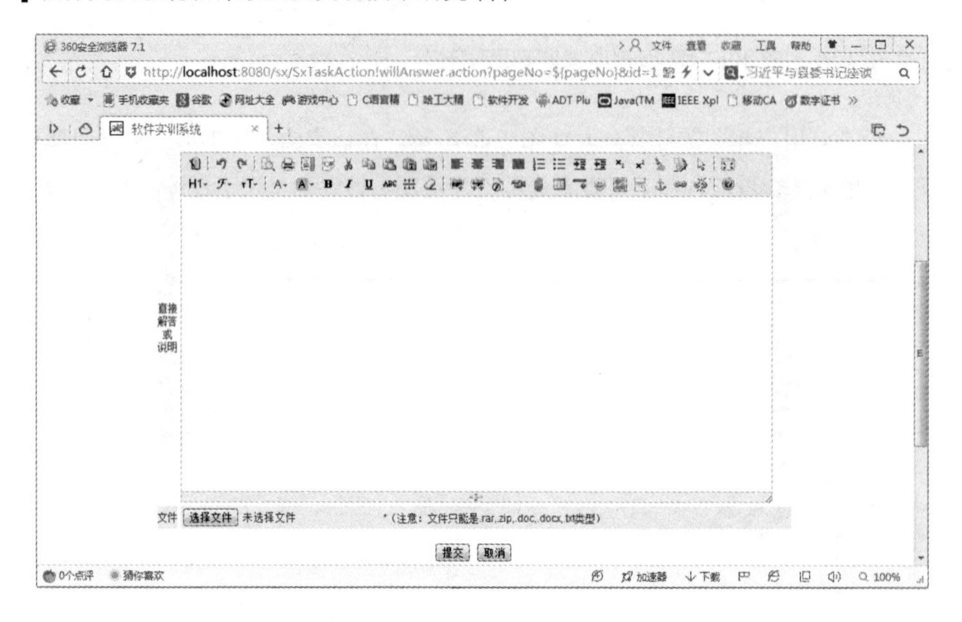

图 5-10　提交成果界面

任务查看界面用 JSP 文件，代码如下：

```
<%@taglib uri="/mytaglib" prefix="mytag"%>
<!DOCTYPE html>
<html xmlns="http://www.w3.org/1999/xhtml">
   <head>
      <%@include  file="/common/global.jsp" %>
      <scripttype='text/Javascript'src='/sx/dwr/engine.js'>
</script>
      <scripttype='text/Javascript'src='/sx/dwr/util.js'>
</script>
      <scripttype='text/Javascript'src='/sx/dwr/interface/Sx
TaskAction.js'></script>
      <scripttype='text/Javascript'src='${mainURL}/script/task
/tas  kList.js'></script>
      <script type="text/Javascript">
         var pageNo = '${pageNo}';
         var typeId = '${typeId}';
         var wwwworkId = '${id}';
      </script>
```

```
        </head>
        <body  class='main'>
            <div id="top"><%@include file="/common/top.jsp" %></div>
            <div style="margin:10px auto;width:1024px">
                <divclass="top_title"><ahref="${mainURL}/index.jsp?
dgroupId=0">系统首页</a> >> <a href="${mainURL}/index. jsp"> ${data
Name}</a> >> 我的任务</div>
                <%@include file="/common/time.jsp" %>
            </div>
            <div id="top_border"></div>
            <div class="index-content">
                <c:forEach items='${plist.list}' var="tt" var Status=
"s">
                    <c:set var="t" value="${tt['task']}"/>
                    <c:set var="st" value="${tt['sxTask']}"/>
                    <table class="listtable" border="0" width="100%"
cellspacing="0" cellpadding="4">
                        <tr>
                            <td style="width:60px"><b>任务类型</b></td>
                            <td style="width:60px;text-align:left;">
                                <c:choose>
                                 <c:whentest="${st.work.subtype==0}">
                                        [分步任务]
                                    </c:when>
                                 <c:whentest="${st.work.subtype==2}">
                                        [计时任务]
                                    </c:when>
                                    <c:whentest="${st.work.subtype==3}">
                                        [合作任务]
                                    </c:when>
                                    <c:otherwise>
                                        [一般任务]
                                    </c:otherwise>
                                </c:choose>
                            </td>
```

```
                        <td style="width:60px"><b>任务流程</b></td>
                        <td style="width:80px;text-align:left;">
                           <ahref="JavaScript:void(0)"onclick="show3
('${t.processDefinitionId}', '${t.processInstanceId}', '${t.id} ');"
>查看流程图</a>
                        </td>
                        <td style="width:60px"><b>流程状态</b></td>
                        <tdstyle="text-align:left;">${t.name}</td>
                        <tdrowspan="5"style="width:150px;font-size:
16px;font-weight:bold" id="Action${t.id}">
                           <c:choose>
                              <c:whentest="${t.assignee!=loginuser.
userId}">
                                 ${t.name}
                              </c:when>
                              <c:otherwise>
                                 <ahref="Javascript:void(0)"onclick
="handle('${t.name}','${t.taskDefinitionKey}', '${st.work.id}', '$
{st.id}')">${t.name}</a>
                              </c:otherwise>
                           </c:choose>
                        </td>
                     </tr>
                     <tr>
                        <td><b>任务标题</b></td>
                        <td colspan="5" style="text-align:left">
                           <a href="JavaScript:void(0)" onclick="
showWork('${st.work.id}')">${st.work.title}</a>(单击可查看详细)<br/>
                        </td>
                     </tr>
                     <tr>
                        <td><b>任务题目</b></td>
                        <td colspan="5" style="text-align:left">
                           <c:choose>
                              <c:whentest="${st.title!=null&&st.
```

```
title!=''}">
                                        ${st.title}
                                    </c:when>
                                    <c:otherwise>
                                        还没有选题
                                    </c:otherwise>
                                </c:choose>
                            </td>
                        </tr>
                        <tr>
                            <td><b>任务时间</b></td>
                            <td colspan="5" style="text-align:left">$
{st.startTime}</td>
                        </tr>
                        <tr>
                            <td><b>完成情况</b></td>
                            <td colspan="5" style="text-align:left">$
{st.overall}</td>
                        </tr>
                    </table>
                </c:forEach>
                ${pclist.pageBar}
            </div>
            <div id="dlg" class="easyui-dialog" data-options="closed:
true,toolbar:'#dlg-toolbar'"style="width:1000px;height:550px;overf
low: hidden">
                <iframe id="ffff" frameborder='0' style='margin-top:
30px;width:100%;height:500px'></iframe>
            </div>
            <%@include file="/task/task0a.jsp" %>
            <%@include file="/common/bottom.jsp" %>
        </body>
    </html>
```

在具体交互时，客户端基于不同的流程任务 ID，打开不同的界面，界面采用 JQuery 对话框，每个处理使用不同的模板。例如，确认作业的模板如下：

```
<!-- 确认任务 -->
<div id="confirm" class="easyui-dialog" data-options=" closed:
true">
</div>
```

所有的模板存在在 taskOa.jsp 中。taskList.js 文件的关键代码结构如下所示：

```
var sid, sworkId, staskId;//用于保存参数的变量
var handleOpts = {
    流程任务节点 key: {
        width: 对话框宽度, height: 对话框高度,
        open: function(taskId, workId, oaTaskId) {
            保存参数;
            打开对话框并设置界面内容;
        },
        btns: [{
                text: '按钮标题',
                handler: function() {
                    读取界面值
                    通过请求 DWR 方法向服务发送请求
                },
                ...//其他按钮
        ]
    },
    ...//其他流程任务节点 ID
};
function handle(title, key, taskId, workId, oaTaskId) {
    // 使用对应的模板
$('#' + key).dialog({
    title: title,//对话框标题
        modal: true,
        width: handleOpts[tkey].width,
        height: handleOpts[tkey].height,
        onOpen: function() {
            handleOpts[id].open.call(this,    workId,    taskId,
oaTaskId);
        },
```

```
        buttons: handleOpts[key].btns
    }).dialog("open");
}
```

例如，对于确认任务，代码的结构如下所示。

```
var handleOpts = {
    confirm: {
        width: 800,
        height: 400,
        open: function(taskId, workId, oaTaskId) {
            staskId = taskId;
            sOaTaskId=oaTaskId;
            sworkId = workId;
            $('#confirm').dialog('refresh',ctx+'/SxTaskAction!show.
Action?id=' + oaTaskId);
            // 打开对话框的时候读取请假内容
        },
        btns: [{
                text: '确认',
                handler: function() {
                    $.post(ctx+'/SxTaskAction!confirm.Action',
                            {id: oaTaskId, workId: sworkId, taskId:
staskId},
                      function(result) {
                        $('#confirm').dialog('close');
                        if (result.success) {
                         window.top.$.messager.alert(// show error
message
                                  '信息',
                                  '确认成功！',
                                  'info', function() {
                             rrrr()
                           }
                          );
                        } else {
                         window.top.$.messager.alert(// show error
```

```
message
                                              '错误信息',
                                              result.errorMsg,
                                              'error'
                                              );
                                 }
                            }, 'json');
                       }
                  }, {
                       text: '取消',
                       handler: function() {
                           $('#confirm').dialog('close');
                       }
                  }]
         },
         ......
     }
```

5.4 任务跟踪图

5.4.1 整合 Diagram-Viewer

常用的流程图跟踪有两种方式：一种是由引擎后台提供图片，可以把当前节点标记为红色；另一种是先用引擎接口获取流程图（原图），然后再通过解析引擎的 Activity 对象逐个解析（主要是判断哪个是当前节点），最后把这些对象组成一个集合转换成 JSON 格式的数据输出给前端，用 JavaScript 和 CSS 技术实现流程的跟踪。后一种方式比较灵活，因此，实训系统采用了第二种方式。

Diagram Viewer 是官方提供的组件，它就采用的第二种方式。要将 Diagram Viewer 整合到系统中，需要解决三个问题：一是服务端提供 Diagram Viewer 所需的 JSON 数据，二是修改请求路径，三是如何动态显示实践任务信息[3]。具体整合步骤如下：

(1) 将 activiti-explorer.war 文件解压，将其中的 diagram-viewer 复制到项目中。

（2）可利用 modules\activiti-diagram-rest，将如图 5-11 所示的 4 个类复制到当前项目的 Action 包下。

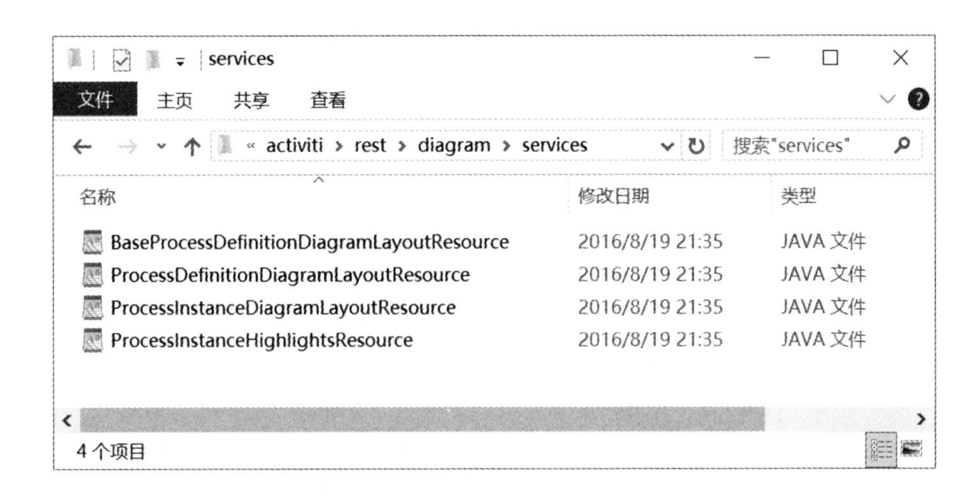

图 5-11　rest 中 4 个类

其中，BaseProcessDefinitionDiagramLayoutResource 是 Process Definition DiagramLayoutResource 和 ProcessInstance DiagramLayout Resource 的基类。

按 Struts 控制类写法，修改后三个类。

```
    public class ProcessDefinitionDiagramLayoutResource extends
BaseProcess DefinitionDiagramLayoutResource {
        private String processDefinitionId;
        private ObjectNode model;
        @Autowired
        private ObjectMapper objectMapper;
        private String callback;
        public void getDiagram(){
            try {
                System.out.println(callback);
                ServletActionContext.getResponse().setContentType
("application/json;charset=utf-8");
                model= getDiagramNode(null, processDefinitionId);
                ServletActionContext.getResponse().getWriter().print
(callback+"("+objectMapper.writeValueAsString(model)+")");
```

```
            } catch (IOException ex) {
            }
        }
        public String getProcessDefinitionId() {
            return processDefinitionId;
        }
        public    void    setProcessDefinitionId(String    process
DefinitionId) {
            this.processDefinitionId = processDefinitionId;
        }
        public String getCallback() {
            return callback;
        }
        public void setCallback(String callback) {
            this.callback = callback;
        }
    }
    public class ProcessInstanceDiagramLayoutResource extends Base
ProcessDefinitionDiagramLayoutResource {
        String processInstanceId;
        @Autowired
        private ObjectMapper objectMapper;
        private String callback;
        public void getDiagram() {
             try {
                ServletActionContext.getResponse().getWriter().print
(callback+"("+objectMapper.writeValueAsString(getDiagramNode(proce
ssInstanceId, null))+")");
            } catch (IOException ex) {
            }
        }
        public String getProcessInstanceId() {
            return processInstanceId;
        }
        public void setProcessInstanceId(String processInstanceId) {
```

```
            this.processInstanceId = processInstanceId;
        }
        public String getCallback() {
            return callback;
        }
        public void setCallback(String callback) {
            this.callback = callback;
        }
    }
    public class ProcessInstanceHighlightsResource {
        @Autowired
        private RuntimeService runtimeService;
        @Autowired
        private RepositoryService repositoryService;
        @Autowired
        private HistoryService historyService;
        @Autowired
        protected ObjectMapper objectMapper;
        String processInstanceId;
        String callback;
        public void getHighlighted() {
            ObjectNode responseJSON = objectMapper. Create Object
Node();
            responseJSON.put("processInstanceId", process InstanceId);
            ArrayNode activitiesArray = objectMapper.createArrayNode();
            ArrayNode flowsArray = objectMapper.createArrayNode();
            try {
                ProcessInstance processInstance = runtimeService. create
ProcessInstanceQuery().processInstanceId(processInstanceId).singleResu
lt();
                ProcessDefinitionEntity processDefinition = (Process
DefinitionEntity)repositoryService.getProcessDefinition(processIns
tance.getProcessDefinitionId());
                responseJSON.put("processDefinitionId",processInstance.
getProcessDefinitionId());
```

```
            List<String> highLightedActivities = runtimeService.
getActiveActivityIds(processInstanceId);
            List<String> highLightedFlows = getHighLighted Flows
(processDefinition, processInstanceId);
            for (String activityId : highLightedActivities) {
               activitiesArray.add(activityId);
            }
            for (String flow : highLightedFlows) {
               flowsArray.add(flow);
            }
         } catch (Exception e) {
            e.printStackTrace();
         }
         responseJSON.put("activities", activitiesArray);
         responseJSON.put("flows", flowsArray);
          try {
            ServletActionContext.getResponse().getWriter().print
(callback+"("+objectMapper.writeValueAsString(responseJSON)+")");
         } catch (IOException ex) {
         }
     }
     ......
  }
```

（3）在 Struts.xml 中配置 Action。

```
   <Action name="pihr" class="ysl.Action. ProcessInstance Highlights
Resource"/>
   <Action name="pddlr" class="ysl.Action.ProcessDefinition Diagram
LayoutResource"/>
   <Action name="pidlr" class="ysl.Action.Process Instance Diagram
LayoutResource"/>
```

（4）修改 diagram-viewer/index.html 文件中的 ActivitiRest.options。

```
   ActivitiRest.options=
   { "/pihr!getHighlighted.Action?processInstanceId={processInsta
nceId}&callback=?",processDefinitionUrl:baseUrl+
   "/pddlr!getDiagram.Action?processDefinitionId={processDefiniti
```

```
onId}&callback=?", processDefinitionByKeyUrl: baseUrl +
    "/pddlr!getDiagram.Action?processDefinitionId={processDefiniti
onKey}&callback=?" };
```

5.4.2 实现任务业务信息显示

默认的流程图显示的是流程定义文件的信息，我们需要实现显示实际的任务信息，如图 5-12 所示，当鼠标移动“确认任务”节点时，右侧显示了具体信息。

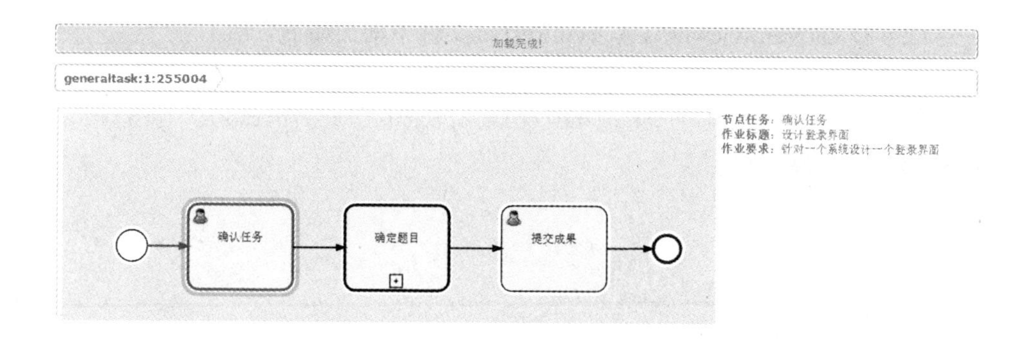

图 5-12 流程跟踪

具体实现步骤如下。

（1）在控制层增加如下方法。

```
public String taskInfo() throws Exception {
    map = new HashMap<String, Object>();
    if (this.getId() == null) {
        return "info";
    }
    task = sxTaskService.findTask(this.getId());
    map.put("selecttopic", "任务标题："
            + task.getWork().getTitle() + "<br/>"
            + "任务要求：" + task.getWork().getContent() + "<br/>"
            + "选题要求：你需要从下面的题目中选者一个："
            + task.getWork().getTopic() + ".<br/>");
    map.put("seltopic", "任务标题："
            + task.getWork().getTitle() + "<br/>"
```

```
                + "任务要求：" + task.getWork().getContent() + "<br/>"
                + "命题要求：你需要根据任务的要求，自行命题，题目难易要适
宜.<br/>");
        map.put("submit", "任务标题："
                + task.getWork().getTitle() + "<br/>"
                + "任务要求：" + task.getWork().getContent() + "<br/>"
                + "任务题目：" + task.getTitle() + "<br/>"
                + "提交提醒：你要抓紧提交作业！<br/>");
        return "info";
}
```

（2）在 diagram-viewer/js/ActivitiRest.js 文件中增加如下方法。

```
    getTaskInfo: function (taskId, callback) {
            var url = Lang.sub(this.options.taskInfoUrl, {taskId:
taskId});

            $.Ajax({
                url: url,
                dataType: 'json',
                cache: false,
                async: true,
                success: function (data, textStatus) {
                    callback(data);
                }
            }).done(function (data, textStatus) {
                console.log("Ajax done");
            }).fail(function (jqXHR, textStatus, error) {
                console.error('Get diagram layout['+process Definition
Key + '] failure: ', textStatus, 'error: ', error, jqXHR);
            });
        }
```

（3）打开 ProcessDiagramGenerator.js 文件，在 ProcessDiagramGenerator 中增加 taskInfo 元素及两个方法。

```
    var ProcessDiagramGenerator = {
    taskInfo: {},
```

```
    ......
        getTaskInfo: function(taskId) {
            ActivitiRest.getTaskInfo(taskId,
ProcessDiagramGenerator._getTaskInfo);
        },
        _getTaskInfo: function(data) {
            ProcessDiagramGenerator.taskInfo = data;
        }
        ......
    }
```

（4）修改 showActivityInfo 方法如下所示。

```
    showActivityInfo: function (activity) {
        var diagramInfo = $("#" + this.options.diagramInfoId);
        if (!diagramInfo)
            return;
        var doc = '';
        if (activity.getId()!=undefined&&ProcessDiagramGenerator. Task
Info[activity.getId()] != undefined) {
            doc= ProcessDiagramGenerator.taskInfo[activity.getId()];
        }

        var values = {
            name: activity.getProperty("name"),
            documentation: doc != '' ? doc : activity. getProperty
("documentation")
        };
        //getTaskInfo
        var TPL_ACTIVITY_INFO = '<div><b>节点任务</b>: {name}</div>';
        if (values.documentation != undefined)
            TPL_ACTIVITY_INFO = TPL_ACTIVITY_INFO + '<div> {documentation}
</div>';
        var TPL_CALLACTIVITY_INFO = ''
                + '<div>单击后查看任务情况</div>';
        var template = TPL_ACTIVITY_INFO;
        if (activity.getProperty("type") === "callActivity") {
```

```
            template += TPL_CALLACTIVITY_INFO;
        }
        var tpl = Lang.sub(template, values);
        diagramInfo.html(tpl);
    }
```

（5）打开 idiagram-viewer/index.html 文件，在 ActivitiRest.options 中增加读取任务信息的配置：taskInfoUrl。

```
    ActivitiRest.options = { taskInfoUrl: baseUrl + "/Task! taskInfo.
Action?taskId={taskId}", processInstanceHighLightsUrl: baseUrl +
    "/pihr!getHighlighted.Action?processInstanceId={processInstanc
eId}&callback=?", processDefinitionUrl: baseUrl +
    "/pddlr!getDiagram.Action?processDefinitionId={processDefiniti
onId}&callback=?", processDefinitionByKeyUrl: baseUrl +
    "/pddlr!getDiagram.Action?processDefinitionId={processDefiniti
onKey}&callback=?" };
```

找到如下语句：

```
var processInstanceId = query_string["processInstanceId"];
```

在上述语句的下面，增加如下语句，用于读取任务 ID 参数。

```
var taskId = query_string["taskId"];
```

参 考 文 献

[1] Activiti 流程实例管理[BE/OL].[2014-07-30].http://www.tuicool.com/articles/uQZJ7fQ.

[2] 杨恩雄. 疯狂 Workflow 讲义：基于 Activiti 的工作流应用开方[M]. 北京：电子工业出版社，2014.

[3] 集成 Diagram Viewer 跟踪流程[BE/OL].[2014-04-24].http://www.kafeitu.me/ activiti/2014/04/24/diagram-viewer.html.

第 6 章

其他主要模块的设计

本章介绍其他主要模块的数据层设计、业务逻辑层设计和视图层设计等内容。

6.1 数据层设计

6.1.1 数据访问辅助类设计

数据层实现对数据库的访问。本系统利用 Hibernate JPA 访问数据库,因此，主要使用实体管理器对象来完成数据操作。为了操作方便，设计一个辅助类 YslHibernateJPAHelper[1]。

```
public class YslHibernateJPAHelper<T> {
    @PersistenceContext
    private EntityManager em;
    public EntityManager getEm() {
        return em;
    }
    //添加
    public void insert(Object obj) {
        em.persist(obj);
    }
    //修改
    public void update(Object obj) {
        em.merge(obj);
    }
```

```
        // 添加或修改单个
        public void insertOrUpdate(T obj, Serializable id) {
            if (id != null && selectOneById((Class<T>) obj.getClass(),
id) != null) {
                em.merge(obj);
            } else {
                em.persist(obj);
            }
        }
            // 根据 ID 删除
        public void deleteOneById(Class<T> cls, Serializable id) {
            em.remove(selectOneById(cls, id));
        }
        // 按 ID 组删除多个
        public void deleteSomeByIds(Class<T> cls, String idName,
String[] ids) {
            StringBuilder iif = new StringBuilder();
            if (idName != null && ids != null && ids.length > 0) {
              iif.append("where o.").append(idName).append(" in (");
                for (int i = 0; i < ids.length; i++) {
                    if (i != 0) {
                        iif.append(",").append(ids[i]);
                    } else {
                        iif.append(ids[i]);
                    }
                }
                iif.append(")");
            }
            List<T> list = selectSome("from " + cls.getSimpleName() +
" as o " + iif.toString());
            deleteSome(list);
        }
        //根据条件查一个
        public void deleteSome(String hql, Object... values) {
            List<T> list = this.selectSome(hql, values);
```

```
            deleteSome(list);
        }
        // 根据对象组删除
        public void deleteSome(Collection<T> objs) {
            for (Object obj : objs) {
                em.remove(obj);
            }
        }
        // 删除所有
        public void deleteAll(Class<T> cls) {
          Query q=em.createQuery("delete from " + cls. getSimple Name());
            q.executeUpdate();
        }
        //按 ID 查一个
        public T selectOneById(Class<T> cls, Serializable id) {
            return (T) em.find(cls, id);
        }
        //查所有
        public List<T> selectAll(Class<T> cls) {
            return em.createQuery("select object(o) from " + cls.
getSimpleName() + " as o").getResultList();
        }
        //查总数
            public int selectAllCount(Class<T> cls) {
            return ((Long) em.createQuery("select count(o) from " + cls.
getSimpleName() + " as o").getSingleResult()).intValue();
        }
        //根据条件查一个
        public T selectOne(String hql, Object... values) {
            Query q = em.createQuery(hql);
            for (int i = 0; i < values.length; i++) {
                q.setParameter(i + 1, values[i]);
            }
            q.setMaxResults(1);
            if (q.getResultList().isEmpty()) {
```

```
            return null;
        } else {
            return (T) q.getSingleResult();
        }
    }
    // 根据条件查询
    public List<T> selectSome(String hql, Object... values) {
        Query q = em.createQuery(hql);
        for (int i = 0; i < values.length; i++) {
            q.setParameter(i + 1, values[i]);
        }
        return q.getResultList();
    }
    // 根据条件分页查询
    public YslPageList<T> selectByPage(final String hql, final
YslPageInfo pageInfo, final Object... values) {
        String sort = getSort(pageInfo);
        Query q = em.createQuery(hql + sort);
        q.setMaxResults(pageInfo.getPageSize());
        q.setFirstResult((pageInfo.getPageNo() - 1) * pageInfo.
getPageSize());
        for (int i = 0; i < values.length; i++) {
            q.setParameter(i + 1, values[i]);
        }
        List<T> list = q.getResultList();
        return new YslPageList<T>(list, this. Select Count By Query
(hql, values), pageInfo);
    }
    // 根据条件分页查询，返回 Map
    public Map selectByPageForClient(final String hql, final Ysl
PageInfo pageInfo, final Object... values) {
        int count = this.selectCountByQuery(hql, values);
        int pageCount;
        Map map = new HashMap();
        if (count != 0) {
```

```
            pageCount = (int) (count / pageInfo.getPageSize() +
(count % pageInfo.getPageSize() == 0 ? 0 : 1));
            if (pageInfo.getPageNo() < 1) {
               pageInfo.setPageNo(1);
            }
            if (pageInfo.getPageNo() > pageCount) {
               pageInfo.setPageNo(pageCount);
            }
            String sort = getSort(pageInfo);
            Query q = em.createQuery(hql + sort);
            q.setMaxResults(pageInfo.getPageSize());
            q.setFirstResult((pageInfo.getPageNo() - 1) * pageInfo.
getPageSize());
            for (int i = 0; i < values.length; i++) {
               q.setParameter(i + 1, values[i]);
            }
            List list = q.getResultList();
            map.put("pageNo", pageInfo.getPageNo());//总记录数
            map.put("pageSize", pageInfo.getPageSize());//总记录数
            map.put("pageCount", pageCount);//总记录数
            map.put("total", count);//总记录数
            map.put("rows", list);//相关新闻集合
         } else {
            map.put("pageNo", pageInfo.getPageNo());//总记录数
            map.put("pageSize", pageInfo.getPageSize());//总记录数
            map.put("pageCount", 0);//总记录数
            map.put("total", 0);//总记录数
            map.put("rows", new ArrayList());//相关新闻集合
         }
         return map;
      }
      // 根据条件查询(考虑排序)
      public  List<T>  selectSomePage(final  String  hql,  final
YslPageInfo pageInfo, final Object... values) {
         String sort = getSort(pageInfo);
```

```
            Query q = em.createQuery(hql + sort);
            for (int i = 0; i < values.length; i++) {
                q.setParameter(i + 1, values[i]);
            }
            return q.getResultList();
        }
        //根据条件查询记录数
        public int selectCountByQuery(final String hql, final Object...
values) {
            String hql1 = hql;
            int beginPos = hql.toLowerCase().indexOf("from");
            if (beginPos >= 0) {
                hql1 = hql.substring(beginPos);
            }
           Pattern p = Pattern.compile ("order\\s*by [\\w|\\W|\\s| \\S]*",
                    Pattern.CASE_INSENSITIVE);
            Matcher m = p.matcher(hql1);
            StringBuffer sb = new StringBuffer();
            while (m.find()) {
                m.appendReplacement(sb, "");
            }
            m.appendTail(sb);
            hql1 = sb.toString();

            Query query = em.createQuery("select count(*) as count "
                    + hql1);
            for (int i = 0; i < values.length; i++) {
                query.setParameter(i + 1, values[i]);
            }

            query.setMaxResults(1);
            return ((Long) query.getSingleResult()).intValue();
        }    //查询前面的记录
        public List<T> selectTopSome(final String hql, int count,
Object... values) {
```

```
        Query q = em.createQuery(hql);
        for (int i = 0; i < values.length; i++) {
            q.setParameter(i + 1, values[i]);
        }
        q.setMaxResults(count);
        return q.getResultList();
    }
}
```

6.1.2 数据访问层基类设计

为了简化数据层的设计，定义一个基类 BaseDao，该类封装了共同具有的操作。该类采用了泛型技术，并借助 YslHibernateJPAHelper 的实例 daoHibernate 实现数据库的操作。对于共同的操作，通过实现 IBaseDao 接口，以公有成员的方式提供。为便于子类扩展方法使用 daoHibernate，将其定义为保护类型。

```
public class YslBaseDao<T> implements IYslBaseDao<T> {
    @Autowired
    protected YslHibernateJPAHelper<T> daoHibernate;
    private Class<T> pojoClass;
    public YslBaseDao(Class<T> pojoClass) {
        this.pojoClass = pojoClass;
    }
    @Override
    public void insert(T obj) {
        this.daoHibernate.insert(obj);
    }
    // 添加或修改
    @Override
    public void insertOrUpdate(T obj, Serializable id) {
        this.daoHibernate.insertOrUpdate(obj, id);
    }
    // 刷新到数据库
    @Override
    public void flush() {
        this.daoHibernate.flush();
```

```
        }
        // 根据 ID 删除
        @Override
        public void delete(Serializable id) {
            this.daoHibernate.deleteOneById(this.pojoClass, id);
        }
        // 根据 ID 数组删除多个
        @Override
        public void deleteSome(String idName, String[] id) {
          this.daoHibernate.deleteSomeByIds(this.pojoClass,idName,id);
        }
        // 删除所有
        @Override
        public void deleteAll() {
            this.daoHibernate.deleteAll(this.pojoClass);
        }
        // 查所有
        @Override
        public List<T> selectAll() {
            return this.daoHibernate.selectAll(this.pojoClass);
        }
        // 根据 ID 查询一个
        @Override
        public T selectById(Serializable id) {
          return(T)this.daoHibernate.selectOneById(this.PojoClass,id);
        }
        // 分页查所有
        @Override
        public YslPageList<T> selectAllByPage(final YslPageInfo page
Info) {
            return this.daoHibernate.selectAllByPage(this.pojoClass,
pageInfo);
        }
        // 修改
        @Override
```

```
    public void update(T obj) {
        this.daoHibernate.update(obj);
    }
}
```

6.1.3 数据层访问类的设计

数据层访问类继承 BaseDao，并通过获得 daoHibernate 对象实现扩展的方法。以题目数据访问层类为例，代码如下所示。

```
public class SxTopicDao extends YslBaseDao<SxTopic> implements ISxTopicDao {
    public SxTopicDao() {
        super(SxTopic.class);
    }
    //按题目 ID 删除过程提示
    @Override
    public void deleteSomeTips(Integer topicId) {
        String hql = "from SxProcessTips a where a.procHelpId=?";
        super.daoHibernate.deleteSome(hql, topicId);
    }
    //按题目 ID 删除注意事项
    @Override
    public void deleteSomeNote(Integer topicId) {
        String hql = "from SxError a where a.procHelpId=?";
        super.daoHibernate.deleteSome(hql, topicId);
    }
    //按题目 ID 删除相关知识
    @Override
    public void deleteSomeKnowlege(Integer topicId) {
        String hql = "from SxKnowlege a where a.procHelpId=?";
        super.daoHibernate.deleteSome(hql, topicId);
    }
    //按题目 ID 删除相关参考
    @Override
    public void deleteSomeReference(Integer topicId) {
```

```
        String hql = "from SxReference a where a.procHelpId=?";
        super.daoHibernate.deleteSome(hql, topicId);
    }
    //按数据组ID、类型ID、标题、用户组ID分页查询
    @Override
    public Map selectSome(String dgroupId,
        String typeId, String title, String ugroupId, YslPageInfo
pageInfo) {
        String hql = "from SxTopic a where a.dgroup.groupId = ? and
a.type.typeId like ? and a.title like ? and ((length (a.ugroup
Id)<length(?) and SUBSTRING(?,1,length(a.ugroupId))=a.ugroupId) or
(length(?)<length(a.ugroupId) and a.ugroupId like ? )) order by
a.createTime desc";
        return super.daoHibernate.selectByPageForClient(hql, page
Info,dgroupId, "%" + doString(typeId) + "%", "%" + doString(title) +
"%",ugroupId,ugroupId,ugroupId,doString(ugroupId)+"%");
    }
    //按数据组ID、类型ID、用户组ID查询
    @Override
    public List<SxTopic> selectSome(String dgroupId, String ugroupId,
Integer userId) {
        String hql = "from SxTopic a where a.dgroup.groupId = ? and
(length(a.ugroupId)<length(?) or a.userId = ? or (length (?) <length
(a.ugroupId) and a.ugroupId like ? )) order by a.type.typeId asc, a.
createTime desc";
        return super.daoHibernate.selectSome(hql, dgroupId, ugroup
Id, userId,ugroupId,doString(ugroupId)+"%");
    }
    //按数据组ID、类型ID、标题、用户组ID分页查询
    @Override
    public YslPageList<SxTopic> selectSomeByPage(String dgroupId,
String typeId, String title, String ugroupId, YslPageInfo pageInfo) {
        String hql = "from SxTopic a where a.dgroup.groupId = ? and
a.type.typeId like ? and a.title like ? and ((length (a.ugroup
Id)<length(?) and SUBSTRING(?,1,length(a.ugroupId))=a.ugroupId) or
```

```
(length(?)<length(a.ugroupId)  and  a.ugroupId  like  ?  ))  order  by
a.createTime desc";
        return super.daoHibernate.selectByPage(hql, pageInfo, dgroupId,
"%" + doString(typeId) + "%", "%" + doString(title) + "%",ugroup Id,
ugroupId,ugroupId,doString(ugroupId)+"%");
    }
    //按数据组 ID、类型 ID、标题、用户组 ID、用户 ID 分页查询
    @Override
    public  YslPageList<SxTopic>  selectSomeByPage(String  dgroupId,
String  typeId,  String  title,  S  tring  ugroupId,  Integer  userId,
YslPageInfo pageInfo) {
        String hql = "from SxTopic a where a.dgroup.groupId = ? and
a.type. typeId like ? and a.title like ? and (length (a.ugroup
Id)<length(?) or a.userId = ? or (length(?)<length(a.ugroupId) and
a.ugroupId like ? )) order by a.createTime desc";
        return super.daoHibernate.selectByPage(hql, pageInfo, dgroupId,
"%" + doString(typeId) + "%", "%" + doString(title) + "%", ugroupId,
userId,ugroupId,doString(ugroupId)+"%");
        }
      }
```

6.2 业务逻辑层设计

业务逻辑层实现业务逻辑层接口，通过调用数据访问层完成系统的业务功能；通过使用 Spring 自动注入数据访问层对象，并利用 Spring 的配置方式实现事务管理。业务逻辑类放在 ysl.service 包下。

6.2.1 业务逻辑类实现

业务逻辑类实现业务逻辑层接口，通过调用数据访问层对象的方法实现业务功能。以题目的业务逻辑类为例，代码如下所示。

```
public class SxTopicService implements ISxTopicService {
   @Autowired
```

```
    private ISxTopicDao sxTopicDao;
    @Override
    public void addTopic(SxTopic topic) throws YslException {
        try {
            sxTopicDao.insert(topic);
        } catch (Exception e) {
            e.printStackTrace();
            throw new YslException("添加题目错误！");
        }
    }
    @Override
    public void deleteProcessTips(Integer topicId) throws Ysl
Exception {
        try {
            sxTopicDao.deleteSomeTips(topicId);
        } catch (Exception e) {
            throw new YslException("按题目 ID 删除过程提示错误！");
        }
    }
    @Override
    public void deleteNote(Integer topicId) throws YslException {
        try {
            sxTopicDao.deleteSomeNote(topicId);
        } catch (Exception e) {
            throw new YslException("按题目 ID 删除注意事项错误！");
        }
    }
    @Override
    public void deleteKnowlege(Integer topicId) throws
YslException {
        try {
            sxTopicDao.deleteSomeKnowlege(topicId);
        } catch (Exception e) {
            throw new YslException("按题目 ID 删除相关知识错误！");
        }
    }
    @Override
```

```
public void deleteReference(Integer topicId) throws YslException {
    try {
        sxTopicDao.deleteSomeReference(topicId);
    } catch (Exception e) {
        throw new YslException("按题目 ID 删除相关参考错误!! ");
    }
}
@Override
public void deleteTopic(Integer id) throws YslException {
    try {
        sxTopicDao.delete(id);
    } catch (Exception e) {
        throw new YslException("按 ID 删除题目错误! ");
    }
}
@Override
public void editTopic(SxTopic topic) throws YslException {
    try {
        sxTopicDao.update(topic);
    } catch (Exception e) {
        throw new YslException("修改题目错误! ");
    }
}
@Override
public SxTopic findTopic(Integer id) throws YslException {
    try {
        return sxTopicDao.selectById(id);
    } catch (Javax.persistence.NoResultException e) {
        return null;
    } catch (Exception e) {
        e.printStackTrace();
        throw new YslException("按 ID 查询课题错误! ");
    }
}
@Override
```

```
    public Map findTopicesByPageForClient(String dgroupId, String
typeId, String title, String ugroup,  YslPageInfo pageInfo) throws
YslException {
        try {
            return sxTopicDao.selectSome(dgroupId, typeId, title,
ugroup,pageInfo);
        } catch (Exception e) {
            e.printStackTrace();
            throw new YslException("分页查询题目错误！");
        }
    }
    @Override
    public void deleteTopices(String[] ids) throws YslException {
        try {
            sxTopicDao.deleteSome("id", ids);
        } catch (Exception e) {
            throw new YslException("按ID组删除题目错误！");
        }
    }
    @Override
    public  List<SxTopic>  findTopices(String  dgroupId,  String
ugroupId,Integer userId) throws YslException {
        try {
          return sxTopicDao.selectSome(dgroupId, ugroupId, userId);
        } catch (Exception e) {
            e.printStackTrace();
            throw new YslException("查询所有课题错误！");
        }
    }
    @Override
    public   List<SxTopic>   findTopices(String[]   ids)   throws
YslException {
        try {
            return sxTopicDao.selectSome("id", ids);
        } catch (Exception e) {
            throw new YslException("根据ID组查询课题错误！");
```

```
            }
        }
        @Override
        public YslPageList<SxTopic> findTopicesByPage(String dgroupId,
String typeId, String title, String ugroup, YslPageInfo pageInfo) throws
YslException {
            try {
                return sxTopicDao.selectSomeByPage(dgroupId, typeId,
title, ugroup, pageInfo);
            } catch (Exception e) {
                e.printStackTrace();
                throw new YslException("分页查询课题错误！");
            }
        }
        @Override
        public YslPageList<SxTopic> findTopicesByPage(String dgroupId,
String typeId, String title, String ugroupId, Integer userId,YslPageInfo
pageInfo) throws YslException {
            try {
                return sxTopicDao.selectSomeByPage(dgroupId, typeId,
title, ugroupId, userId,pageInfo);
            } catch (Exception e) {
                e.printStackTrace();
                throw new YslException("分页查询课题错误！");
            }
        }
    }
```

6.2.2 数据访问层配置

数据访问层需要配置数据源、实体管理器，参见 2.3.3 节。Dao 在 application Context-db.xml 文件中配置，配置格式如下所示。

```
<?xml version="1.0" encoding="UTF-8"?>
<beans .....>
```

```
    <bean id="sxUserDao" class="ysl.dao.SxUserDao" />
    <bean id="sxTopicDao" class="ysl.dao.SxTopicDao" />
      ......
  </beans>
```

6.2.3 业务逻辑层配置

业务逻辑类对象配置在 applicationContext-service.xml 文件中，配置格式如下所示。

```
<?xml version="1.0" encoding="UTF-8"?>
<beans ...>
   <bean id="sxUserService" class="ysl.service.SxUserService" />
<bean id="sxTopicService" class="ysl.service.SxTopicService" />
</beans>
```

系统的事务处理放在业务层。为了简化事务处理编程，本项目采用 Spring 声明式事务管理。在 Spring 配置文件中配置事务管理者 transActionManager 和事务拦截器 transActionInterceptor，并通过动态代理技术自动创建事务代理，参见 2.3.4 节。

6.3 视图层设计

这里仅给出教学设计中的几个视图设计。

6.3.1 题目设计

在“教学管理”界面，展开左侧的“教学设计”，在“教学设计”中选择“题目设计”进入“题目设计”界面，如图 6-1 所示。在该界面，单击【添加】可打开添加界面，如图 6-2 所示。教师用户有权使用该功能。高层次用户组的教师，可以管理下属组的教师添加的题目和自己添加的题目。低层次组的教师能看到上属组教师添加的题目和自己添加的题目，但只能修改和删除自己添加的题目，不能删除和修改上属组教师添加的题目。同一组的教师可以互相管理添加的题目，但看不到非上属教师或非同组教师添加的题目。

图 6-1　题目设计界面

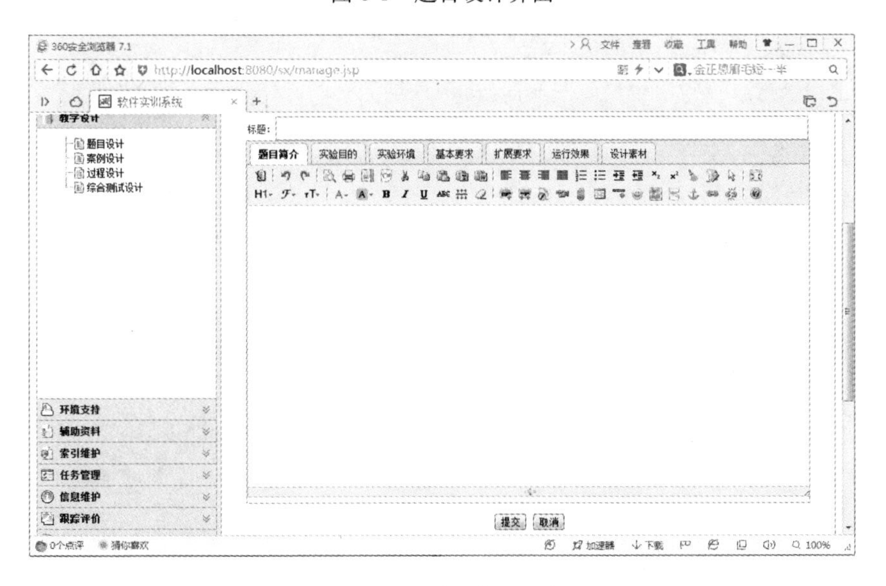

图 6-2　添加题目界面

在“添加界面”切换选项卡，输入不同的内容，除扩展要求、运行效果及设计素材外都不能为空。运行效果可以插入图片，设计素材需要打包压缩提交文件。添加题目后的界面如图 6-3 所示。单击标题可以查看实训题目，单击【修改】可以修改实训题目。查看题目的界面如图 6-4 所示。

图 6-3 添加题目后的界面

图 6-4 查看题目界面

6.3.2 案例设计

在“教学管理”界面，展开左侧的“教学设计”，在“教学设计”中选择“案例设计”进入“案例设计”界面，如图 6-5 所示。在该界面，单击【添加】可打开添加界面，如图 6-6 所示。添加案例可上传文件，即为案例的原文件，需压缩提交。

图 6-5　案例设计界面

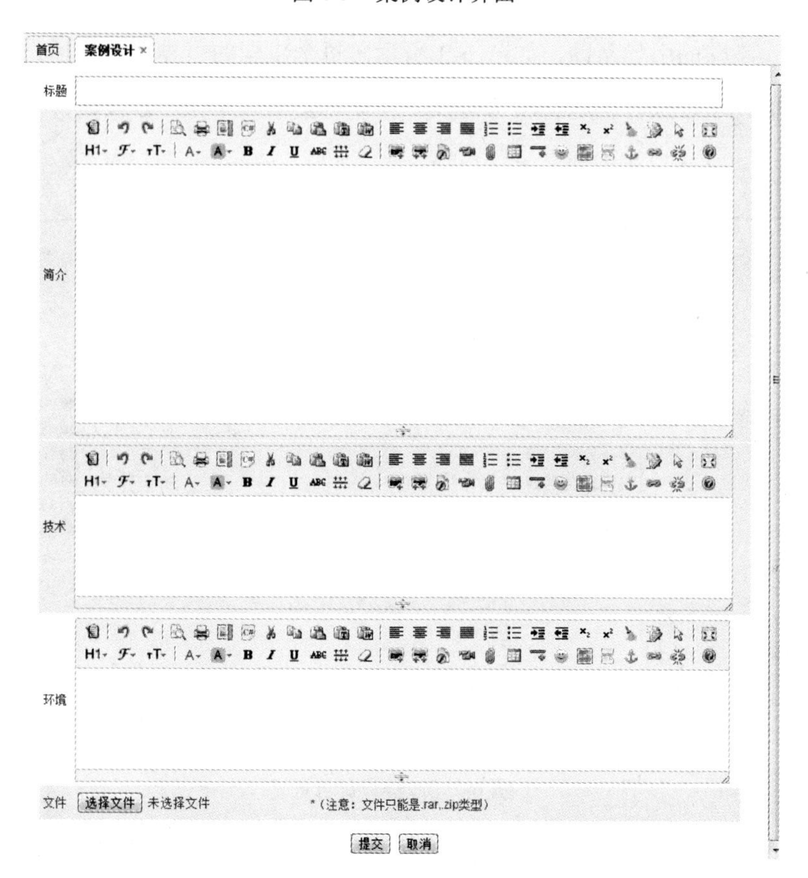

图 6-6　添加案例界面

6.3.3 过程设计

过程设计提供对实践过程引导和提示的设计与维护功能。在“教学管理”界面，展开左侧的“教学设计”，在“教学设计”中选择“过程设计”进入“过程设计”界面，如图 6-7 所示。在该界面，单击某个实训题目的【过程设计】可打开该题目的过程设计界面，如图 6-8 所示。在该界面，可切换选项卡，分别设置“知识要点”，“常见错误”，“相关参考”，“过程引导”。切换到“知识要点”后，单击【添加要点】即可添加一个知识要点，每个知识要点有标题和内容。输入后单击上方的【保存】。常见错误和相关参考输入方法类似。

切换到“过程引导”，可对实验过程设计引导帮助。单击【添加步骤】即可添加一个步骤的引导帮助，如图 6-9 所示。每个步骤的引导帮助包括：步骤提示、界面视图、操作演示及注意事项。设计完要单击【保存】按钮。

图 6-7 过程设计界面

在图 6-9 所示的过程引导界面，单击每个题目的【测试设计】，可以为该题目设计测试练习题。添加测试题的界面如图 6-10 所示。题型包括单选题、多选题、判断题和填空题。

图 6-8　具体题目的过程设计界面

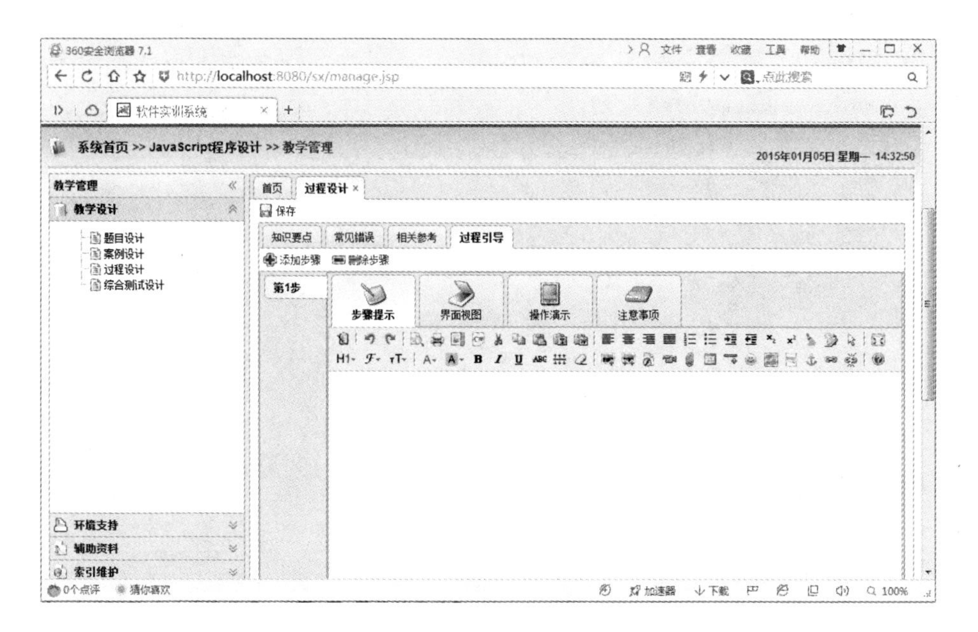

图 6-9　过程引导界面

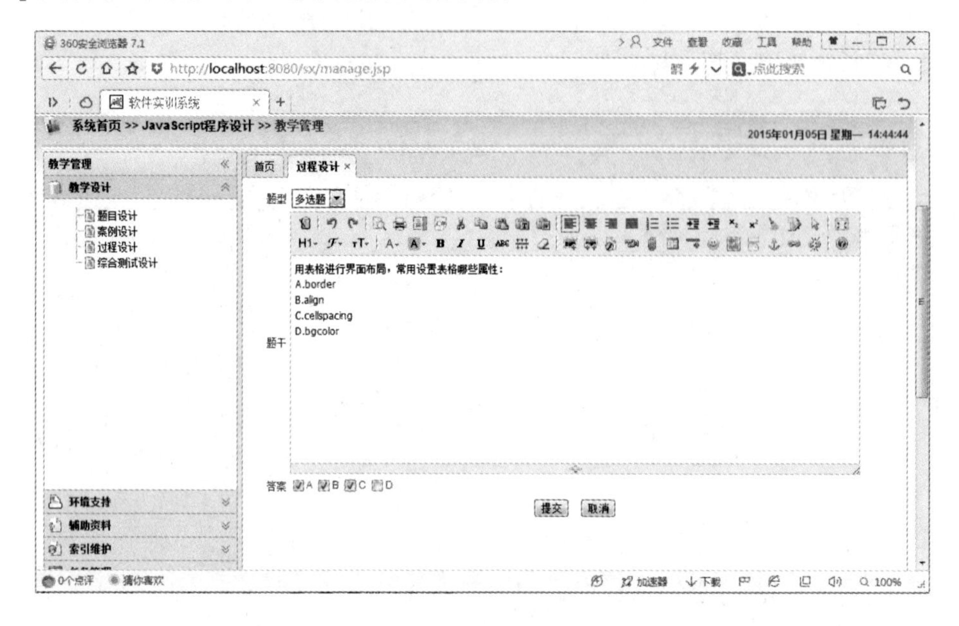

图 6-10　添加测试题的界面

添加试题后的管理界面如图 6-11 所示。

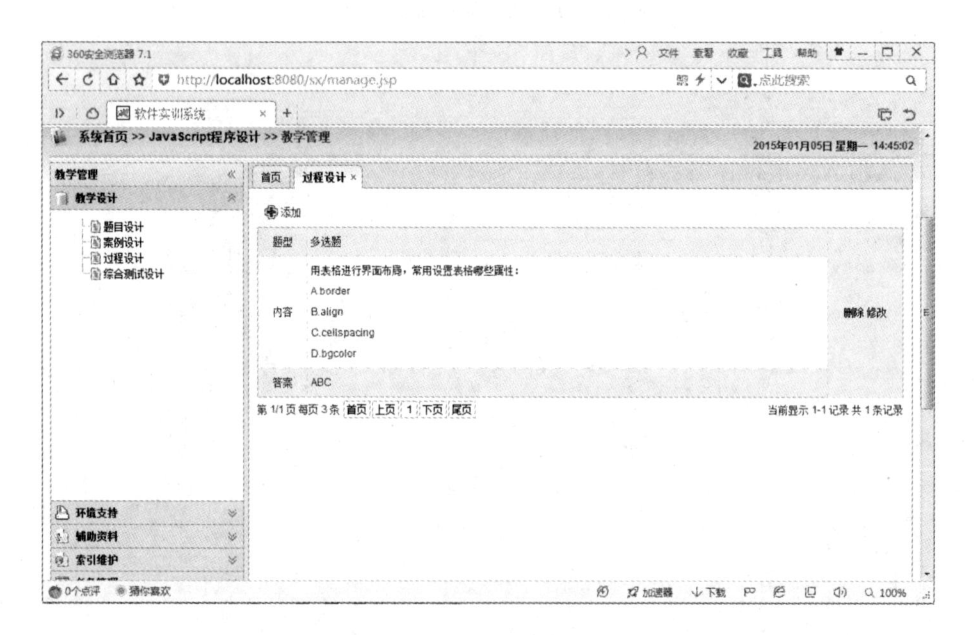

图 6-11　添加试题后的管理界面

6.3.4 综合测试设计

综合测试设计提供对课程知识的综合测试试题管理和设计。在“教学管理”界面，展开左侧的“教学设计”，在“教学设计”中选择“综合测试设计”进入“综合测试设计”界面，如图 6-12 所示。在该界面，单击【添加】按钮，即可添加试题。方式同上。

图 6-12 综合测试设计界面

参 考 文 献

[1] 胡洁萍，杨树林. 软件开发综合实践指导教程——Java Web 应用[M]. 北京：人民邮电出版社，2014.

反侵权盗版声明